猟師が教える

シカ・イノシシ利用大全

田中康弘 著

絶品料理からハンドクラフトまで

農文協

目次

はじめに ——— 猟師たちと見てきた日本

私が初めて狩猟の現場を取材したのは30年ほど前のことである。以来長年、秋田県の阿仁マタギとともに数多くの猟場へ入り、撮影をしてきた。その後は日本全国の狩猟の現場へと足を運んだ。日本列島を縦横無尽に動き回り、南は西表島から北は礼文島まで、さまざまな狩猟を見てきたのである。

その取材の過程でもっとも気になったのがシカやイノシシによる被害の急増ぶりだ。田畑のみならず集落ごとすっぽりと柵で覆われた光景を見たときには、いったい何が起こっているのかと、日本の生態系の変化に唖然とするばかりである。

年を追うごとに被害は増え、そして当然猟師の出番も増えた。多くの獣が仕留められるがその大半は利用されていない現状も見た。これでいいのだろうか。確かに作物を食い荒らす獣は憎い。しかしひたすらに駆除して打ち捨てるだけでいいのだろうか。せっかく向こうから来てくれるなら、それを恵みととらえて有効活用できないものか。そんな思いを持つ人たちは少なからず各地の現場にいるのだ。

厄介者扱いのシカやイノシシを役立つ資源として活かしたい。本書ではそのような方策を現場の猟師たちとともに探っていこうと思う。

登場する猟師とその仲間たち

兵庫県朝来市の吉井あゆみさん。兵庫、京都、鳥取で狩猟免許を取得しているプロ猟師。ライフル銃、ワナによる猟を、有害駆除（7ページ図2）を含めて一年中している

山梨県早川町の望月秀樹さん。主にライフル銃で年間約300頭を捕獲するプロ猟師。町の獣肉処理加工施設を運営する会社「ＹＡＭＡＴＯ」の社長でもある

長野県川上村の渡辺亜子さん。畑の被害を食い止めるために猟を始めたレタス農家。左利きなので合う銃が少ないのが悩み

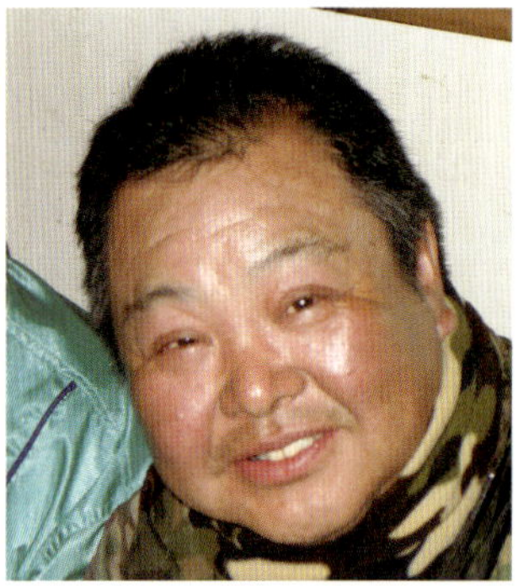

長野県川上村の井出文彦さん。川上村で３代続く猟師家系だ

高知県安芸市の長野博光さん。農作物を守るために反撃に出たミカン農家。ナイフのコレクターでもある

愛知県岡崎市の成瀬勇夫さん。元石材屋の兼業農家で、竹製の箱ワナでイノシシを獲る名人

大分県竹田市の大久保光紀さん。温泉施設経営もする兼業農家で、くくりワナを自作し、箱ワナも一人で設置する

沖縄県西表島の高田見誠さん。山にある材料で自作したくくりワナでカマイ（イノシシ）を獲る兼業農家。猪狩家という食堂も経営

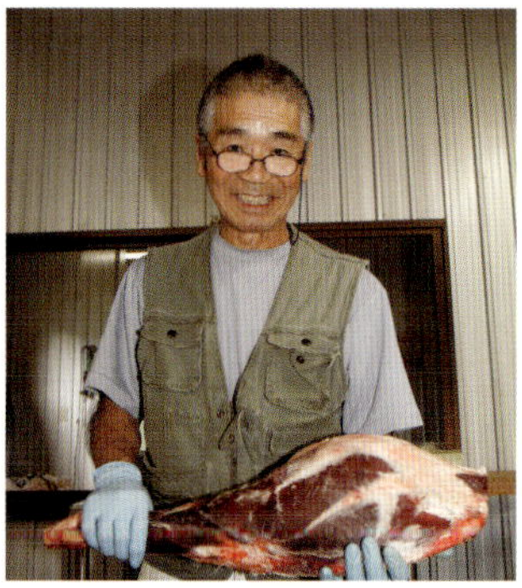

高知県大豊町の北窪博章さん。獣肉加工処理施設を猟師仲間で手づくりし、加工器具はすべてネットオークションで買う

高知県四万十町の山脇佳子さん。高知市から移住し、フリーランスで自然体験プログラムの企画・運営などに携わる

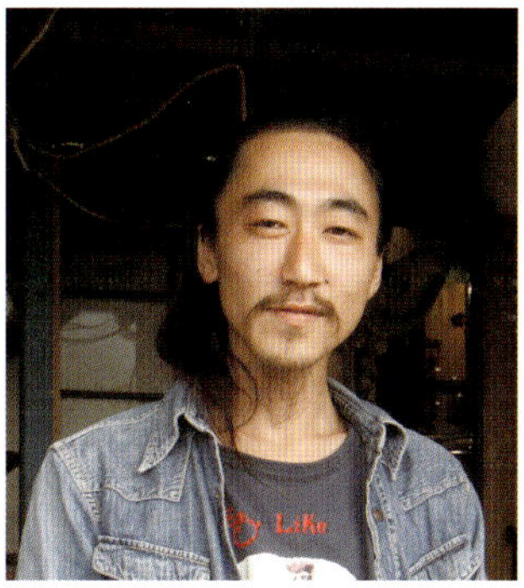

高知県四万十市の大久保洋平さん。新潟県から移住し、カフェを開いている。地元猟師が獲ったシカの皮をなめしてクラフト製品を作る

石川県白山市の長田泉さんと富士子さん。
金沢市から移住し、猟師カフェ＆クラフト工房を経営する

石川県小松市の安本承一さんと日奈子さん。和食処「狐里庵」を経営。仕留めたイノシシやクマなどの料理を自らの店でふるまう

長野県松本市の原薫さん。
素材生産に関する山仕事を請け負う「柳沢林業」の社長であり、山を荒らす獣を散弾銃で獲る

大分県佐伯市の矢野哲郎さん。
大物ねらいのワナ猟師で「狩猟はエキサイティング」と明言。猟師レストランのオーナーであり、農家であり、林業家でもある

大分県大分市の廣畑栄次さんと美加さん。釣り船業を本業とし、ワナ猟と銃猟の免許を持ち、シカ、イノシシ、アナグマ、カモ等をねらう

福岡県みやこ町の“イノシシかあちゃん”こと中原裕美余さん。
ご主人が獲ったイノシシやシカを自らの店でふるまう

宮崎県椎葉村の尾前一成さん。
犬をともなう銃猟を主とする林業家。猟犬と自分一人というスタイルが多い

序章　おカネになる獲物が山から下りてきた

増える被害

丹誠込めた農作物が無惨に食い荒らされる。生産者にとってこれほど辛く腹立たしいことはない。農水省が発表する野生獣による農作物の被害額は毎年200億円を上回る。実際にはその倍以上の被害があるという説もある。被害の大きさに営農を諦める地区があるのは誠に悲しいが現実だ。なかでもシカとイノシシによる被害は甚大で、いかにしてこれらの獣から生活を守るのかが重要な課題であることは異論がないだろう。

各被害地域で話を聞くと、同じようなセリフを何度も耳にした。

「いやあ、30年前まではシカもイノシシもいなかったんだけどなあ」

古参の猟師たちに聞くと、わざわざ遠くまで獲物を求めて猟にでかけていたというのである。それが今では田んぼで、畑で、道路で、そして庭先でも見かけるようになった。なぜそのような事態になったのだろうか？　よくいわれるのが、いわゆる狩猟圧力の減少だ。年々厳しくなる銃刀法と高齢化による後継者不足でハンターが減少したから獣が増えたというのである（図1）。これはツキノワグマの大量出没の原因としても語られることが多い。狩られる経験が少なくなったから野生獣が人を恐れなくなり、平気で人里に現れるというのである。これは至極もっともな説に聞こえる。

捕獲頭数は50年前のシカ46倍、イノシシ14倍に

しかしながらここにもう一つのデータ、狩猟登録者数と捕獲頭数の推移を重ね合わせると、違う結論が見えてくる（図2）。シカの捕獲頭数は近年激増していることがわかる。

2010（平成22）年度の捕獲頭数はシカ36万頭、イノシシ48万頭とされている。これは半世紀前のそれぞれ46倍、14倍という驚異的数字なのだ。

つまり狩猟圧力はまったく減ってなどいない。それどころか格段に強まっていたのだ。猟師の数の減少から考えるといかに多くの獣を一人の猟師が獲るようになったかがよくわかる。

「昔はなかなか獲れなかったから肉は貴重なもんだったよ」

お年寄りの言葉もその事実を表しているのである。

すでに人里が彼らの繁殖場所

獣害が増える大きな理由の一つが個体数の増加であることは間違いがないだろう。捕食者（ニホンオオカミ）の絶滅が個体数増加の原因であると、外来種オオカミの導入を求める意見もある。しかし江戸時代の末期にはすでにニホンオオカミの数が激減していたことからすれば、現在の状況を説明しきれないのではないだろうか。もしも捕食者の存在が関係

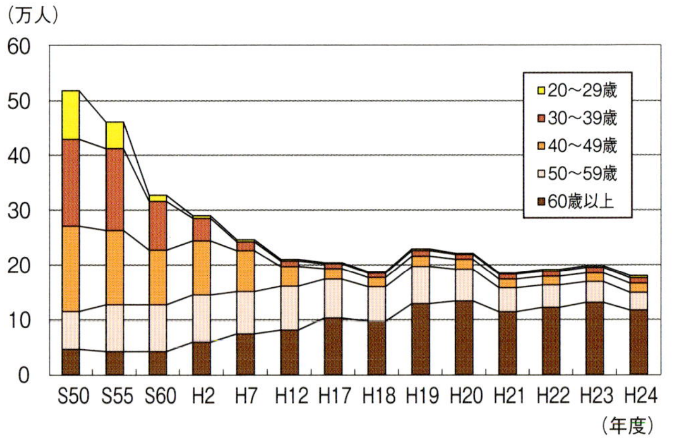

図1　全国における狩猟免許所持者数（年齢別）の推移
（環境省調べ）

するならばニホンオオカミ絶滅後の明治、大正、昭和とシカやイノシシは爆発的に増えたはず。しかしそのような状況は見られない。

動物の個体数が増える最大の理由は食べものにある。エサが多ければ栄養状態もよくなり出産数も増え、死亡率が下がり、当然その数は増える。現在日本の自然環境はどうなっているのだろうか。動物が増えすぎるくらい、山にエサが豊富なのかというと実は逆である。それは戦後始まった拡大造林政策で極端なまでにスギ一辺倒の植林が行なわれたからだ。豊かだった広葉樹の森は消えて昼でも暗い杉林が山々を埋め尽くす。結果動物が好むエサは非常に少なくなったのである。

この山からエサがなくなったことそのものが実は最大の要因といえる。荒れた山を見限りエサを探し求めてさまよう。そのうちに山を下り、人里で大量の農作物に巡り合う。これは自然界よりはるかにおいしくそしてたくさん食べられる格好のエサなのだ。

彼らにとっては苦労していったん確保したエサ場である。人間に少々驚かされたくらいで捨てるわけにはいかない。なぜなら彼らには戻るべき場所がないからだ。こうして人里で生きる道を見つけたシカやイノシシは腹いっぱい農作物を食べてせっせと子どもを産むのである。

こう考えると先のグラフの意味、獲っても獲っても一向に被害が減らない理由がわかる。狩猟圧力を高めても彼らは決して逃げ出しはしない。もうすでに人里が彼らの繁殖場所になっているからなのだ。

“守る”から“減らす”へ狩猟法の大転換

以前、一般的にいう狩猟法とは、正しくは“鳥獣の保護及び狩猟の適正化に関する法律”という名称であった（平成27年4月まで）。大まかにいえばこの法律の趣旨は、強い立場の人間から動物を守るためのものだ。人間が欲と本気を出せばすべての狩猟獣を絶滅させることもできる。それを防ぐための法律であるといえるのだ。主務官庁が環境省であることからもそれは明らかである。

ところが近年、基本的には野生獣を守るための狩猟法の趣旨が見直され、その適正数維持のために運用されるようになった。見方によっては守るから減らすへの転換ともいえるわけで、これは大変革といえる。その結果、有害駆除に関してはほぼ通年で行なわれる地区が増え、実質上猟期の制限がなくなった感も否めない。あまりの獣害のひどさに法の運営を変えて対処しようというのである。

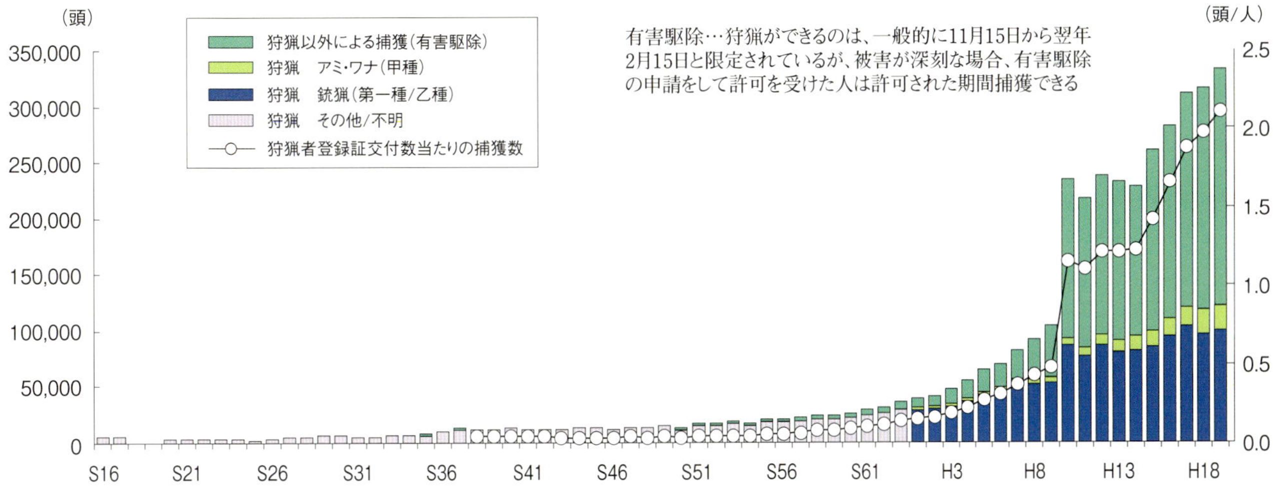

※猟師1人当たりの捕獲数はH9年以降急増し、H9年の0.5頭に対してH19年は2.1頭

図2　ニホンジカの捕獲数の推移（環境省調べ）

もちろん法解釈の変更だけで獣害が減るわけではなく、駆除にともなう補助金の増額が後押しをしている。地域により違いはあるが、シカ一頭につき1万〜3万円程度が支給される場合が多い。

一頭につき3000円しか出なかった頃、「バカバカしくてやってやれるか、ガソリン代にもなんねぇ」と本気でシカをねらう人は少なかった。巻き狩りの中にシカが入っていると、邪魔だと文句をいう猟師もいたのである。それが1万5000円を超えると目の色を変えて追い始める。こうした結果シカの数が激減した地区も実際にあるのだ。

シカに比べるとイノシシは昔からおいしい動物と認識されている。そのために補助金の額をさほど高くしなくても喜んで獲る猟師は多い。この傾向は西日本に多く見られる。もともとイノシシの生息範囲が西に偏っていたからで、イノシシ偏重といえなくもない。しかしシカの利用価値が低いというのは正しくはないのである。

利用は地産地消が基本

狩猟法の大転換にともない、地方行政の取り組みも大きく変わろうとしている。駆除にともなう補助金の増額だけではなく、利用のためにも税金を投入し始めている。本気で獣肉を売る体制を作るために、既存の施設を加工場として利用する以外にも、近代的な加工施設を新たに建設する自治体も増えているのだ。実際に2008年に42カ所だった処理施設の数が2015年には146カ所と激増している。

しかしそのような地区は先進地である。獣肉市場の開拓はまったく追いついていないのが現状ではないだろうか。いくら獣肉の品質を向上させ付加価値を高めたと自称しても、客がつかなければ在庫の山を冷凍庫に抱えるだけだ。

獣を獲って商品にするのはあくまで入り口にすぎない。そこからどのようにして消費者の元へ届け、そしてお金に換えるのか、経済につなげるのか。そして最終的には商品のリピーターになってもらい、また地域のファンになってもらうのかがもっとも重要なのではあるまいか。

狩猟という行為は本来ローカルアクションである。「食獣接近」そして「食住接近」が基本、つまりこれには地産地消の経済活動がもっとも適しているといえるのである。

獣資源として命の有効利用を

狩猟とは生きるために他者を食べ、食べるために他者を捕獲する命のやりとりであるから、気軽に誰もが入れる分野ではない。その意味で昨今の狩猟ブームという呼び方には正直違和感を感じる。しかしながら若い人が興味を持ち、実際に狩猟の世界に入ってくること自体は歓迎すべき現象だ。

野生獣による食害を防ぐ最大の方策は、田畑に出てくる個体を確実に捕獲すること。獲れば獲るだけ被害は間違いなく減らせるのだ。

現在は狩猟者の担い手育成にはさまざまな追い風が吹いているが、それを継続させる工夫も同時に考えなければならない。今のようにただ単に獣を駆除して土に埋めるだけでは行き詰まるのは確実だ。末永く狩猟本来の魅力やその可能性を活かすことが地域にとってもプラスになると認識するべきだ。そのためには田畑に出てくる獣を資源と考える（経済に変える）必要がある。

昔は遠くまで苦労してわざわざ獲りに行かねばならなかった。それが今では獣のほうから来てくれるのだ。厄介者が現れたととらえずに山からお宝が下りてきたと発想を変え、資源として活かすべきだろう。

本書ではシカやイノシシを自然の恵みととらえ、その肉のみならず骨や皮なども資源と考える。それを地域の宝として少しでも役立つようなヒントを探し、活用法を提案していくつもりである。限りある資源と命を次世代へつなぎたい、大切な遺産として。そのためには狩猟関係者のみならず多くの異業種異分野の方々が交流することが望ましいのではないだろうか。多くの人たちが知恵を出し合い、有効な提案がなされることを期待してやまない。

第1章

食べる

猟師の日常調理

くさい、固い、まずい!?

イノシシはおいしい！　当然である。豚の仲間なのだから…。いや、野生のイノシシを家畜化して改良したのが豚だからうまいのだ。

イノシシ肉は古くから親しまれた食材で“山クジラ”と称された。クズの根などを好んで食べることから“薬喰い”の別名を持ち、滋養強壮の食材としても知られている。

ところが、「イノシシ肉はおいしくないんでしょ？」と聞かれることが珍しくない。それも狩猟が比較的盛んな地区でも聞かれるのである。しかし、たいていの場合はイノシシ肉そのものを食べた経験がない人がいうから不思議だ。

“くさい、固い、まずい”

このような獣肉についての一般的な評価はほとんど食べない人が下しているのだ。ではなぜそのような悪評がまかり通っているのだろうか。理由は豚肉との違いが大きいようだ。

獣肉には個性がある

豚が野生のイノシシを先祖に持つことはご存じのとおりだ。長い年月をかけて人間の飽くなき探求心が豚の品種改良に費やした努力はすごい。現在われわれが口にする豚肉にはイノシシの面影はない。似て非なるもの、よくいえば誰もがおいしく食べられる、可もなく不可もない標準点の肉が豚である。

それに比べるとイノシシは個体差が大きい。雌雄や年齢、季節によって肉質がまったく異なるのだ。本来これが自然界では当然のことである。ところが一般に流通する豚肉は均質でバラツキがない。それを可能にするのが高度な養豚技術なのである。なかでも食材にするまでの肥育年齢が一定していることが大きな特徴だ。豚は一般的には生後半年でわれわれの食卓に上るのである。生まれたときわずか1.2kgの子豚が半年で何と100倍の120kg程度まで成長する。そうして個体差が生じる前に食べてしまうわけだ。

狩猟獣のイノシシはそうはいかない。雌雄や年齢を見極めて捕獲することなど到底できないからだ。それ

石川県の安本日奈子さんの「ボタン鍋」

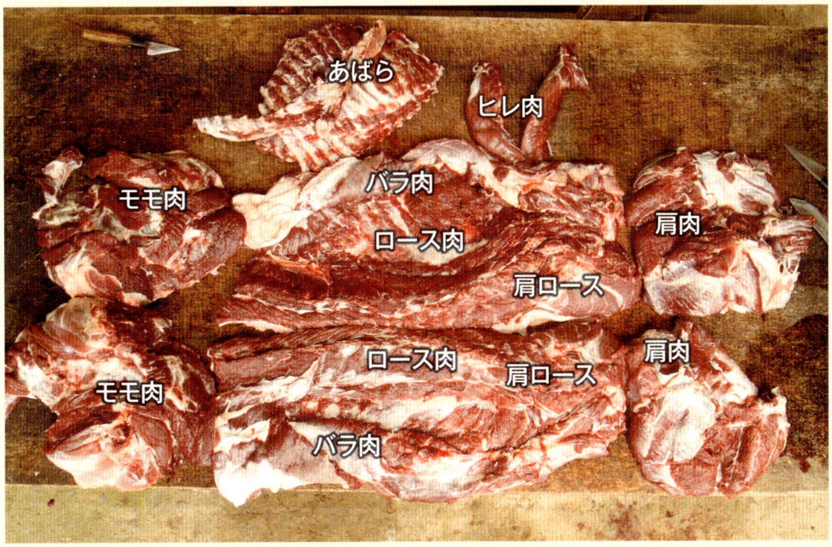

愛知県の成瀬勇夫さんが解体したイノシシ肉

イノシシ精肉部位別名称と使用例の掲載ページ

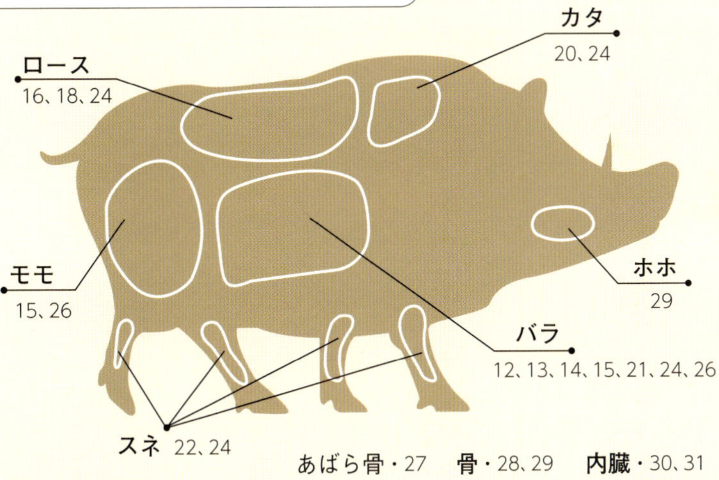

ゆえに狩猟で手に入れる獣は肉に個性が生まれる。

固いのは雄、くさいのは繁殖期の雄

基本的には若いほうが肉は柔らかく、年を取ると当然固くなる。また雄のほうが雌よりは肉は固い。ニオイについては雄臭と呼ばれる独特の臭気が雄にはあるが、これは豚でも同じである。そのために子豚の時期に去勢をして雌雄の肉質の差を減らしているのだ。

イノシシの場合は特に繁殖期（12～2月）の雄臭が嫌われる。そのいちばんくさい時期をはずせば、さほど問題はなく、“とてもくさくて食べられたもんじゃない！”と逃げ出すこともないだろう。

ウリボウ喰うべし!!

なかには少しくさいくらいがイノシシらしくてうまいという通人もいるが、万人向けにはやはり若い雌、またはウリボウが癖もなくて食べやすい。このウリボウ、いわずと知れた子どものイノシシである。まだウリ状の縞模様が体に残る個体は、たとえるとラム肉。大人になった羊肉マトンは癖があって食べられないという人も、ラム肉は喜んで食べる。それと同じで癖がないイノシシ肉が万人向けのウリボウだと思えばよくわかるだろう。しかし肉が少ないウリボウを好まない猟師は多い。そのため獲ったウリボウを廃棄したり、甚だしいのはワナから逃がす猟師もいる。

「大きくなってから獲ったほうがいいから」

これはとんでもない話だ。その逃がしたウリボウが大きくなるまでにどれだけの食害を生むのかを考えればわかるだろう。ウリボウといえども決して逃がしてはいけないのだ。ウリボウ喰うべし!!

それでは、私が出会った猟師たちのイノシシのうまい食べ方を紹介しよう。

マーマレード煮

煮る

肉を柔らかくし、くさみを取る

大分の廣畑美加さんは「おいしいものは自分の力で手に入れるのがいちばん」という主義だ。漁協に属し、釣り船業を営んでいる。漁師でありかつ猟師でもあるのだ。大分キノコ会という会にも所属。好漁場である豊後水道で多くの海の幸を、そして自然豊かな山野でカモを撃ち、イノシシやシカも獲る。そんな廣畑さんに教わったのが、イノシシのマーマレード煮である。

肉と果実系ジャム等との相性はよく、肉を柔らかくしたり、くさみを取ったりする効果もあるようだ。定番のスペアリブの煮物でもよく使われる。安価なジャム類を使ってもおいしくできるのもうれしい料理である。

大分県の廣畑栄次さんと美加さん

マーマレード煮の作り方

① 好みのイノシシ肉500 gに塩、黒コショウで下味を付ける。部位によってはこのときスジ切りをしておくと食べやすい。
② これを圧力鍋に入れ、マーマレード150gを入れる。
③ そこにスライスしたタマネギ中1個、水200cc、日本酒150cc、醤油大さじ6、黒コショウ少々を加える。
④ フタをして加圧20分弱。
⑤ 火を止めて減圧後、完成。冷蔵庫で1週間は持つ。

マーマレードを入れる

調味料を入れる

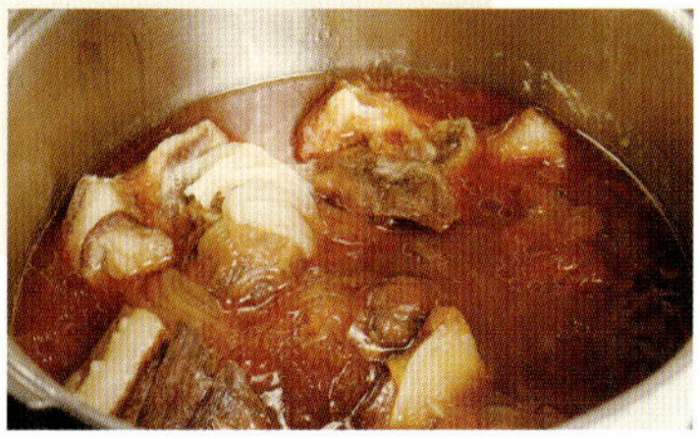

煮詰める

廣畑さんが作ったイノシシのマーマレード煮

紅茶煮

煮る

紅茶がくさみを取る

これも廣畑美加さんから教えていただいた。茶葉と肉も相性はよいようだ。さまざまな種類の肉類が紅茶で煮られているが、とくにイノシシに用いると、くさみ取りにも効果があるようだ。紅茶煮以外にもウーロン茶煮、緑茶煮等のレシピが同様に利用できるだろう。

紅茶と肉の相性はいいが、とくにイノシシと合うようだ

食べることが大好きな廣畑美加さん

紅茶煮の作り方

① 鍋にたっぷりの水を入れ沸騰させる。
② そこへ紅茶2袋を入れる。

熱湯にティーバッグを入れる

③ 80度ほどに冷ましたところへイノシシ肉を入れて1時間ほど煮込む。
④ その間に小鍋で醤油2：酒1：みりん1：酢0.5の割合で漬け汁を作り温める。

80度ほどの湯にイノシシ肉を入れてじっくり煮込む

⑤ フリーザーバッグに煮込んだイノシシ肉を入れて漬け汁を加えて密閉する。
⑥ 十分に冷めたら冷蔵庫に入れる。2日ほど置くと味がなじんでおいしくいただける。

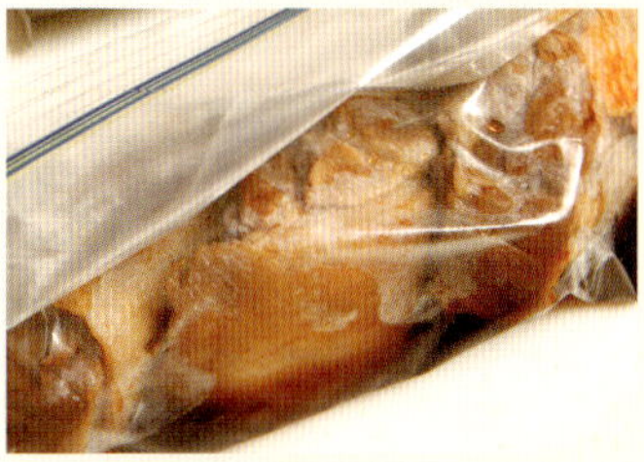

フリーザーバッグに肉を入れ、いったん冷蔵庫へ

角煮 ……………………… 煮る

山椒の実で味を引き立てる

私のふるさと、長崎のご当地料理"しっぽく"は豚の角煮で有名である。豚の仲間であるイノシシも当然角煮向きの素材だ。山椒の実を入れるのは"イノシシ母ちゃん"こと、福岡の中原裕美余さんのアイデアだ。山椒の香りがイノシシの味をぐっと引き立てる。作り方はごく普通の角煮レシピで大丈夫、鍋も普通の鍋でコトコト煮ておいしく仕上がる簡単料理だ。

圧力鍋に水、酒、醤油、みりんなどで煮汁を作る。イノシシのバラ肉とショウガ、長ネギ、そして山椒の佃煮を入れる。20分ほど加圧して火を止める

"イノシシ母ちゃん"こと福岡県の中原裕美余さん。猟師のご主人が獲ってきたイノシシやシカを調理して店でふるまう

煮込み ……………… 煮る

柔らかくなるまで、ひたすら煮込めばいい

大分の大久保光紀さんの食べ方はきわめて簡単。フライパンでひたすら煮込むだけである。

基本的に肉は熱を加えるとタンパク質が変性して固くなる。刺身やタタキが喜ばれるのは柔らかくて肉本来の味が楽しめるからだ。しかし加熱されていない獣肉は安全とはいいきれない。ましてや消費者に提供するのは厳禁だ。イノシシ肉も固いからと敬遠する人が多いが、そんなときはひたすら煮込めばよいのである。柔らかくなるまで煮込めば誰もがおいしく食べられるだろう。濃厚な味で冬の熱燗との相性は抜群！　囲炉裏端で一杯やりながら食するイノシシ最高の食べ方だ…囲炉裏があればの話だが。

フライパン（あるいは鍋）に酒、醤油、砂糖、みりんなどで煮汁を作る。細切れにしたイノシシ肉と長ネギをゴロゴロと入れて1時間くらいグツグツ煮込む

大分県の大久保光紀さん

簡単チャーシュー

煮る

圧力鍋でより早く簡単に

これは猟師たちの話をヒントに私が考えたもので、私のような素人でも家で簡単にできるチャーシューである。

イノシシはバラ肉でもモモ肉でもどちらでもよい。豚肉のチャーシューと基本的には同じ作り方。より早く簡単に作るために圧力鍋を使って仕込む。できあがったチャーシューはスライスして酒のつまみ、おかず、またはチャーシュー丼で立派な晩ご飯に！

スライスして酒のつまみに、おかずに

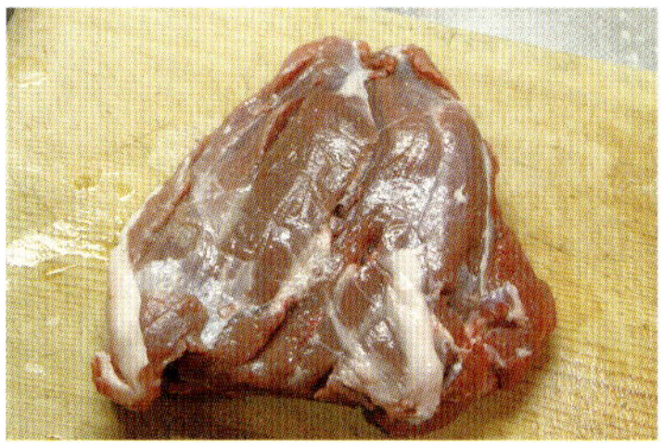

イノシシモモ肉

ロース肉でもよい（上はヒレ肉）

簡単チャーシューの作り方

① 圧力鍋に水、醤油、酒、みりん（好みで）、砂糖を入れて煮汁を作る。
② そこへイノシシ肉のブロック、長ネギ、ショウガ、ニンニク（好みで）を入れて加熱。
③ 圧力が高まったら弱火にして40分以上加圧。
④ 火を止めて減圧後取り出す。
⑤ いったん端を切って味見、固ければ再度加圧する。かなり固い部位でも加圧時間を1時間以上にするととろとろに柔らかくなる。

長ネギといっしょに煮る

煮上がったところ

ロースカツ 揚げる

冷えてもうまい

ロース肉といえば、真っ先に思い浮かべる料理はやはりカツである。初めてイノシシのロースカツを食べたのは長野の松本の山中でのこと。原薫さんたちの猟に同行したときに、昨日作ったというロースカツをもらって食べたが、冷え切っていたにもかかわらずそのうまさに驚いた。できたては当然最高にうまい！

柔らかい棒状の肉塊「背ロース」で

ロース肉とは一般的に背中の部分に付いている肉のことを指す。食肉関係では肩ロース、リブロース等に分けられる。一部はサーロインの部位に入ることもあるようだが、それほど上質の部分といえるだろう。人間でいえばちょうど背筋で比較的運動量が少なく、その分柔らかい。狩猟の解体現場では背骨に沿って左右2本に切り分けられる場合が多く、棒状の肉塊である。猟師の間では背ロースと呼ぶ。

長野県の原薫さん

適当な厚さに切ったロース肉に塩、コショウ、ガーリック等で下味を付けておく。小麦粉をまぶしてから溶き卵に潜らせてパン粉を付けて油で揚げる。豚肉の場合も同様だが、あまり火を通し過ぎると固くなり風味も落ちる。中火でゆっくりと加熱し、噛んだときにじゅわっと肉汁が口に広がるようなできあがりがイノシシのうま味を最大限味わえる。

こちらは石川県の長田泉さんのイノシシのカツサンド。猟師カフェのメニュー

あると便利な料理用品

シカ、イノシシだからといって何も特別な調理器具が必要なわけではない。日常使う包丁とまな板と鍋などがあれば、たいていは用が足りるのである。しかし、あればやっぱり便利だと感じるものを紹介！

圧力鍋

固いスジ肉も１時間でトロトロに

いわずと知れた時短料理に欠かせない調理器具。これを使えば固いスジ肉も１時間でトロトロに！　イノシシやシカの骨を使ってスープや骨鍋にするときにも重宝すること間違いなし。

イノシシやシカの骨を使ったスープ作りにもいい

挽肉機

どんな肉もムダにしないための道具

文字通り挽肉にするための器具。ミンサーとも呼ばれ、小型の家庭用が一つあると、肉だけではなく、魚などもつみれにできて便利だ。2000円程度で買えるミンサーで十分に事足りる。個人的なおすすめは貝印のミンサーで、もっともお手軽。

これは貝印の2000円のミンサー

温度計

固くさせない程度に中まで殺菌するときに必須

シカ、イノシシの料理には、おいしく食べつつウイルスや寄生虫などの感染対策が欠かせない。そこで肉を固くさせない程度の温度で中まで加熱して殺菌する低温調理法がよく使われ、温度計が必要になる。特にシカロースの簡単タタキ作りには必需品である。

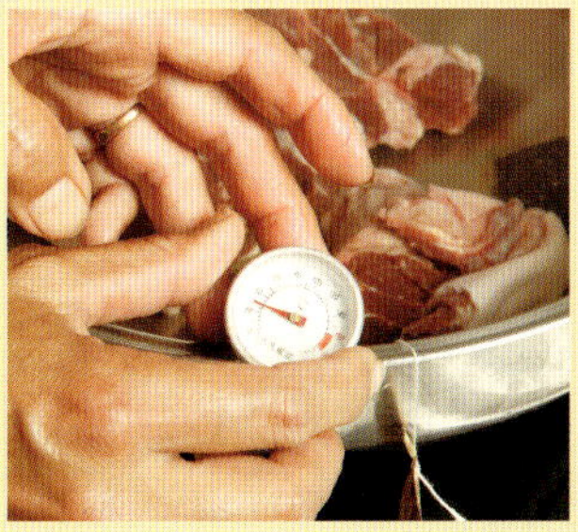

固くさせず中まで殺菌する低温調理のために温度計は欠かせない

保温鍋

ほったらかしＯＫで味が浸み込む

これはほったらかしＯＫの省エネ調理器具。少し加熱し火を止めるだけ。そのまま数時間たつとよい具合に味が浸み込む。グツグツコトコトと火にかけっぱなしが心配なら絶対これ！

置いておけば味が浸み込む

簡単スモーク

本来は手間のかかる保存食

燻製は本来保存のための技術である。日本でも囲炉裏の上にさまざまな食材を吊るして保存食としてきた。秋田県の燻りガッコは漬物用ダイコンの燻製である。囲炉裏の上にはこのほかにもイワナやクマの肉などが吊るされ、そのまま家族の大事な食料となった。煙で燻されることで殺菌作用が働き、水分も抜けて腐りにくくなる。さらに熟成することで独特のうま味と風味が増すから、手間はかかっても好きな人にはたまらない逸品である。

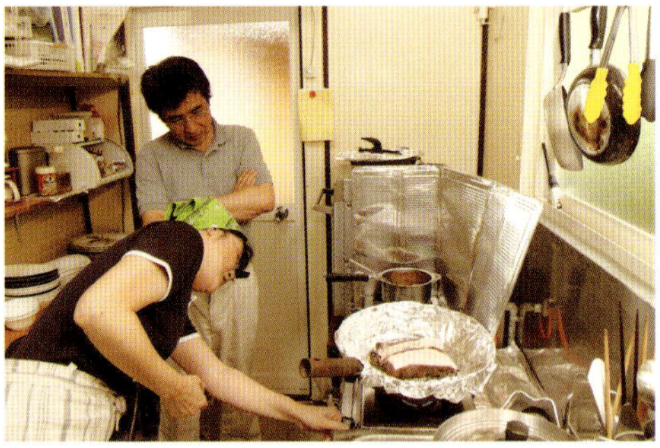
中華鍋で簡単に燻製ができてしまう

中華鍋でできる

燻製には燻す温度によって熱燻、温燻、冷燻があり、それぞれ80度以上、30～60度、15～30度で燻され、その時間も変わる。冷燻して生ハムのようにじっくりと1年もかけて熟成させれば素晴らしいごちそうになる。しかし、どの燻製法をやるにしても高温多湿の日本ではそれなりの施設や装置、材料が必要で管理も難しい。ところが大分県佐伯市で猟師レストランを営む矢野哲郎さんは、中華鍋とウーロン茶葉などを使って簡単にスモークイノシシを作っている。ふだんはフルコースにつけるというスモークイノシシをいただくと、何ともぜいたくな味わいで、噛めば噛むほどうまい。「もとの肉がいいから、大がかりにしなくてもおいしいんです」という(矢野さんの解体処理については94ページ)。矢野さんに作り方を教えていただくことにしよう。

大分県の矢野哲郎さんとかおるさん夫妻

調理は簡単でも味は本格的

矢野さんの簡単スモークの作り方

薄切りにして
いただく

【材料】
イノシシのロース　約800g
ウーロン茶葉　１カップ ／ ザラメ　大さじ３杯
塩　大さじ１杯 ／ 砂糖　大さじ２杯
ローレル、ローズマリー、コショウ 適宜

① 調味料で下味を付けたロース肉をタッパー等に入れてラップをかけ、冷蔵庫で２日間寝かす。このとき肉の下に吸水シート（タオルでも可）を置く。

下味を付けた
ロース肉

② 中華鍋にアルミホイルを敷く。

③ 真ん中に低めの空き缶を同じくアルミホイルで巻いて台にする。

④ 周りにウーロン茶葉とザラメをムラなく敷き詰めて準備完了。

アルミホイルを
敷くと後片づけ
がラクになる

ウーロン茶葉と
ザラメを敷く

⑤ 真ん中の台の上に焼き網をのせる。

焼き網の上に
ロース肉をの
せる

⑥ 下味を付けたロース肉の塊を網にのせ、フタをして加熱する。

フタをして火にかける

⑦ 最初は煙が出るまで中火、煙を確認したら弱火にする。

⑧ 片面を約15分加熱したら裏返してさらに15分加熱する。

途中で肉を裏返す

⑨ 竹串を刺してみて透明な汁が出たらできあがり。濁っていたら２～３分ずつ加熱し直す。
（肉の大きさや形によって加熱時間は若干変わるがおおむね30分程度）

ほどよい焦げ色が付いている

味噌漬け

くさみを取り、肉を柔らかくする

「これが味噌漬けです。食べてみて」

「焼かないでそのまま？」

「そうそう」

日本の秘境といわれる宮崎県の椎葉村でのやりとり。漬け込んで1週間という味噌漬けをもぐもぐといただくと、ああ、味噌の味が浸み込んでおいしい。獣肉の生食は危険なのでおすすめしないが、地元猟師の間では定番の食べ方である。

豚の味噌漬け同様にイノシシもまた味噌との相性はよい。もっともよく知られたイノシシ料理であるボタン鍋が味噌仕立てであることからもまず外れることはない。また味噌漬けにすることでくさみを取り、肉質を柔らかくする効果もある。

ガーゼ等で包んで味噌の中に入れておくだけ。1週間ほど漬け込んでもおいしいが、塩味は当然強くなる。味噌や酒、ショウガ等で調味液を作り、ビニール袋の中に入れて一晩置いてもおいしい。

椎葉村の猟師たちが下ごしらえ

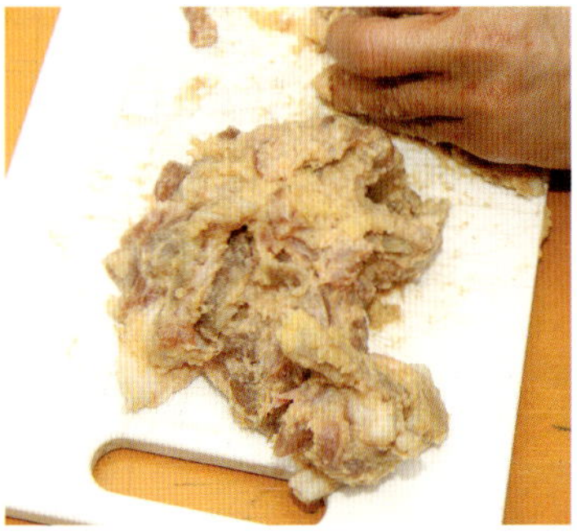

そのまま食べるのはちょっと…

宮崎県椎葉村では炭火で焼いていただいた

私の家ではソテーにした

味噌漬けはフリーザーバッグに入れておくといい

朴葉味噌焼き 漬ける

朴葉独特の香りと殺菌作用

これは味噌漬けの応用編だ。石川の安本日奈子さんに教えていただいた。元は岐阜県北部高山地方周辺の郷土料理である。朴葉焼きは野菜やキノコを朴葉に包んで味噌焼きにする。朴葉には独特の香りと殺菌作用があり、味わい深くおいしい。朴葉に包んで蒸し上げたおこわはかなり長く保存することができる。

味噌で絡めたイノシシ肉をネギ等の薬味をのせて朴葉の上で焼く、ただそれだけ。肉は熱が通りやすいように細かく切っておくほうがよい。

味噌味とネギの薬味があいまって
たまらなくうまい

囲炉裏で朴葉味噌焼きを作る
石川県の安本日奈子さん

餃子

挽肉なら削ったような肉でも使える

数多くの猟場で解体現場を見てきた経験から私が思いついたのが、餃子である。餃子なら誰が作ってもそこそこおいしくできる。つまり失敗しにくい料理なのである。もともと餃子は肉類でも海鮮でも野菜でも応用が利くオールマイティーの存在なのだ。同じ挽肉料理のハンバーグもそうであるが、使う部位を選ばないところに利点がある。まとまった塊が取れなかったスネ肉や骨から削ったような端肉でも挽肉として使えるからありがたい。

このような部分の肉は実は現場ではあまり活用されていなかった。端肉や骨に残った肉はそのまま捨てられたり、犬のエサにされたりすることがほとんどなのだ。それがあまりにもったいないと感じたのである。このような部位をまとめて挽肉にすれば麻婆豆腐やハンバーグ、ミートボールと料理の幅が一気に広がる。子どもからお年寄りまで喜ぶイノシシ料理になるのは間違いない。特に餃子にすれば子どもたちと一緒に皮に包む共同作業がまた楽しいのだ。

ミンサーを使って肉を挽く作業も子どもにとっては興味津々。普段はパックに入って売っている挽肉を自分の力で作るのはおもしろい経験である。ぜひ親子でイノシシ餃子にチャレンジしてほしい。

誰でもおいしくできるのが
餃子のいいところ

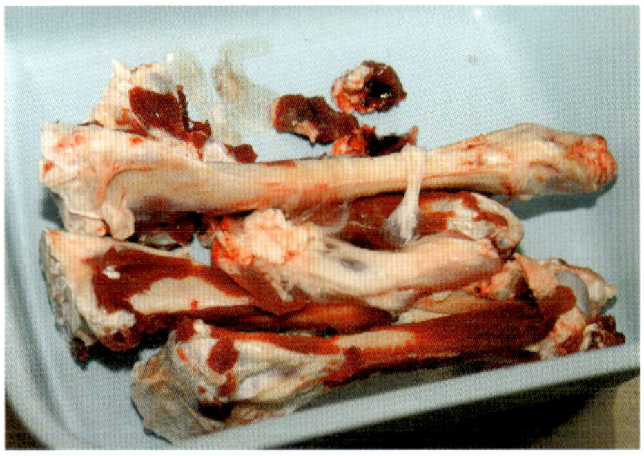

小さなスネ肉や骨から
削った肉も使える

餃子の作り方

イノシシ肉とニラ、ショウガ、ニンニク、キャベツ（またはハクサイ）を用意

肉を賽の目に切る

ミンサーにかけて挽く

ミンチは2000円のミンサーで

まな板の上で細かく叩いても問題はない…ただし疲れるが

挽いたイノシシ肉にみじん切りにしたキャベツ（または下茹でしてみじん切りにしたハクサイ）、ニラ、ショウガ、ニンニク、塩、コショウ等を加えてよくかき混ぜる

あとは餃子の皮に包んで焼くだけ

ウィンナー

挽肉料理

燻製器にかけてスモークしたイノシシウィンナー

長田さんは挽肉を使ったシューマイも冷凍しておく

誰もが食べやすく、保存がしやすい

これも挽肉料理の応用である。挽肉にする利点は誰もが食べやすくなることと保存がしやすい点にある。ハンバーグもそうであるが、完成品を冷凍保存しておけば、焼くだけで食べられる簡便さがうれしいのだ。ウィンナーも同じく冷凍すればいつでも気軽にイノシシ料理が食べられて楽しい加工品だ。

夏場の固い肉を使う

これは石川県で猟師カフェを営む長田泉さんのレシピで、脂が少なくて固めの夏場のイノシシ肉を利用した作り方である。

石川県の長田泉さん

長田さんのウィンナーの作り方

① 適度な大きさに切ったイノシシの肉（カタ、スネ、ネックなどのスジの多いところとバラ肉、ロース肉を混ぜる）をミンサーで挽く。脂身の多い部分と少ない部分を合わせるとよい。
面倒だが二度挽きすることで筋繊維が切れて柔らかくなる。

肉は脂身の多い部分と少ない部分を合わせるとよい

② 三温糖、塩、オリーブオイル、ショウガ、黒コショウ、ローリエ、オールスパイス、カルダモン、クローブ、ナツメグ等好みのハーブ類を入れる。

肉に調味料を加える

③ 粘りが出るまでよくこねる。

よくこねる

④ 肉に脂肪が少なすぎると感じたら冬場のイノシシの脂身を少し加える。

⑤ 仕込んだタネを容器に入れて一晩冷蔵庫で寝かせる。

⑥ 腸詰め機を使い、羊腸にタネを適当な大きさで充填する。

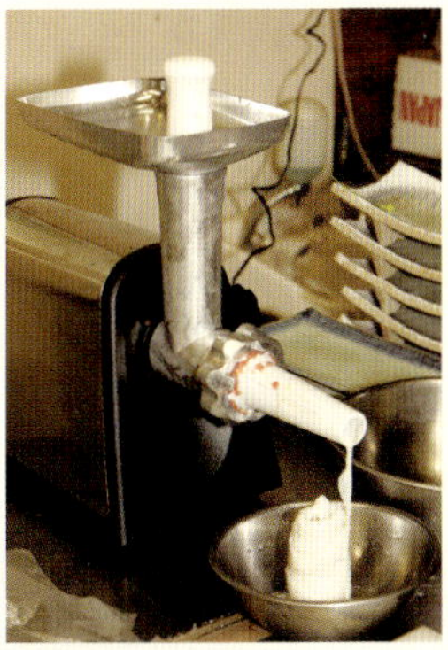

腸詰め機

羊腸に肉を充填する

⑦ 50 ～ 60度のお湯で15分殺菌する。

⑧ 粗熱をとり、乾燥させたら、燻製器に入れてクルミのチップでスモーク。65 ～ 70度で約1 ～ 3時間。

⑨ 途中霧吹きでブランデーを1～2回吹きかけて色を付ける。きれいな色合いになれば乾燥させて完成。

お湯でいったん殺菌する

燻製器に入れてスモーク。19ページのように中華鍋を使って簡単に燻製にすることもできるだろう

簡単蒸しイノシシ …… 蒸す

圧力鍋で柔らかく

棒々鶏（バンバンジー）は蒸し鶏を使うが、それと同じ方法で蒸しイノシシを作る。鶏に比べるとはるかに固いイノシシ肉はチャーシューと同じく圧力鍋を使うことで簡単に調理ができる。

蒸し鶏のバンバンジーと同じように作ればいい

圧力鍋より一回り小さなボウルを用意。肉に塩、酒で下味を付けて長ネギ、ショウガスライスをのせる。水を張った圧力鍋に入れて加圧。40～50分で火を止めて減圧すればできあがり。

バラ肉丼 ……… 焼く

細切れにして食べやすく

イノシシ肉の料理は基本的に豚肉料理の応用である。当然さまざまな豚肉料理のレシピが役立つ。イノシシのバラ肉は比較的柔らかい部位であるが、最初から細切れにしたほうが食べやすいだろう。

白髪ネギを添えていただく

細かく切ったイノシシバラ肉を酒、醤油、みりん、ショウガ汁等で漬け込む。
市販の焼肉のタレまたは豚丼のタレを使ってもよい。油を引いたフライパンで炒める。好みでニラなどの野菜を入れる。丼に盛り付け、白髪ネギをあしらう。好みで七味唐辛子をかける。

スペアリブ　焼く

大物でなければ、タレ漬け込み不要

「こうしてきちんと食べることが供養になるさけぇ、ちゃんと食べなあかんのよ」

囲炉裏の真ん中で網の上に安本日奈子さんがのせていくのがイノシシのあばら骨、いわゆるスペアリブだ。

豚は出荷時の体重が120kg以上ある。それに比べると捕獲されるイノシシは100kgを超える大物は珍しい。もっともよく獲れるサイズは20～70kg前後が多い。当然市販されている豚のスペアリブよりも細くて肉の付き方も少ない。これなら豚のように少し甘めのタレに一晩漬け込むほどのこともないだろう。大きなサイズのイノシシならばタレに一晩漬け込んだほうが味が浸みておいしい。網焼きやバーベキューでもおいしく焼ける。基本的に肉の付き方が少ないので焼きすぎには注意する。食べ終わったあとの骨は犬が喜ぶおやつとなる。

スペアリブを焼く石川県の安本日奈子さん

スペアリブの作り方

① 一本一本外したあばら骨に塩、コショウ、ローズマリー、ニンニク等で下味を付けてなじませる。
② 予熱したオーブンで180度、10～20分。中を確認しながら時折開けて焼き具合を確認する。

イノシシのスペアリブ。肉は少なめだ

炭火でじっくり焼く。焦げ目の付いた色合いがたまらない

骨鍋・骨スープ

骨からはよい出汁が出る

イノシシに限らず動物の骨からはよい出汁が出る。秋田県の阿仁マタギも仕留めたクマの骨で鍋を作るのが定番だ。

多くの現場では意外とイノシシの骨は軽くあしらわれている感が否めない。簡単にスライスしておいしく焼肉を楽しめる部位が珍重されるのは当然だが、骨を捨ててしまうのはいかにももったいない話である。

「捨てるくらいなら私にくれ!!」
と何度心で叫んだことか…

骨なら何でもぶち込んで煮るだけ

大鍋に背骨やあばら骨など肉を外した骨なら何でもぶち込んでグツグツ煮るだけである。しっかりと煮出すほうが当然味はよくなる。煮出すときに長ネギやショウガを入れると一層うまくなる。具はダイコン、ニンジン、ゴボウ等の根菜類が味噌仕立ての骨鍋には相性抜群！　骨には結構な量の肉が付いているのでそれをしゃぶりながらの冷たいビールもおつなものだ。

鍋にするほどの量がなければ煮物にする手もある。醤油、酒、みりん等で煮物の味付けをして根菜類と煮れば、これまたかなりのうまさである。

あっさりとした体が喜ぶスープ

シシ粥は骨を出汁に和風の粥に仕立て上げた料理だが、これは優しいスープだ。福岡県みやこ町の“イノシシ母ちゃん”こと中原裕美余さんのレシピ。

骨をグツグツと大鍋で二日二晩煮込んでラーメンスープにすることもできる。ほぼ豚骨スープである。これがまたうまい、かなり手間はかかるが。

大分県の大久保光紀さんは簡単に、フライパンで骨鍋を作る

鍋にするほどの量がなければ煮物にするといい

こちらは福岡県の中原裕美余さんの骨スープ

中原さんの骨スープの作り方

① 鉄鍋でイノシシの骨を軽く炒めて火を通す。
② そこへ酒と水を加えて加熱する。
③ 途中でていねいにアクを取ったあとに鍋に移し、水を足す。
④ タマネギやショウガ等を加え、アクを取りながら１時間ほど煮込む。
⑤ これをキッチンペーパーで濾して白だしを加えて味を調える。
⑥ あっさりとして体が喜ぶスープのできあがり。

シシ粥

骨で出汁を取る

とんでもない絶品飯

骨を使う料理は鍋が中心だと思っていたが、宮崎県の椎葉村ではとんでもない絶品飯に出合った。それは粥である。どうも私は粥というのは病人の食べものという感じがしてあまり好きではなかったが、これは違う。すごいごちそうなのだ。

塩味の粥は驚くほどうまい

まずはていねいに骨を肉から剥がし、羽釜に入れる。それをくつくつと煮込んでいく。冷たい空気の中でモウモウと沸き上がる白い湯気にはイノシシの香りが充満している。塩味を少々付けた煮汁から煮出したイノシシの骨を取り出すと、そこへ米と少しのヒエを入れてさらに煮込むのである。もちろんこの取り出した骨もちょうどよい塩加減で実にうまい。仕上げにネギを刻んで入れればシシ粥の完成だ。骨鍋というと味噌仕立てばかりを考えていたが、この塩味の粥は驚くほどうまい。骨から外れたシシ肉が適度に粥の中に混ざって得もいわれぬ味わいである。米との相性も抜群なシシ粥はおすすめだ。

羽釜に肉から剥がした骨を入れる

宮崎県椎葉村のシシ粥。鍋というと味噌仕立てばかりを考えていたが、これは塩味

モウモウと沸き上がる白い湯気にはイノシシの香りが充満

茹でレバー・茹でハツ

根気強い水洗いと牛乳漬けでニオイ消し

イノシシの内臓は早い話が豚ホルモンと同じだ。ハツ（心臓）やレバーは茹でてスライスして食べればシンプルイズベストのおいしさ。また消化器系も煮込みや炒め物に使える食材である。沖縄の西表島猟師たちにごちそうになった。

ハツやレバーはよく水洗いして血の気を取り除くこと。この血液が独特のニオイの元であるから根気よく水洗いをしたほうがよい。新鮮な部位であれば、牛乳に漬けてニオイ消しをしなくてもあまり問題はない。とにかく何度も水を換えて少し揉むように洗うのがポイントのようだ。

レバーは野菜と炒めてもよし

ハツの歯応えはコリコリと噛めば噛むほどにうまさがにじみ出てうれしい食材だ。レバーもそのままでもおいしいが、野菜と炒めるとまた違ったおかずに仕上がり、食卓が賑やかになること間違いなし。

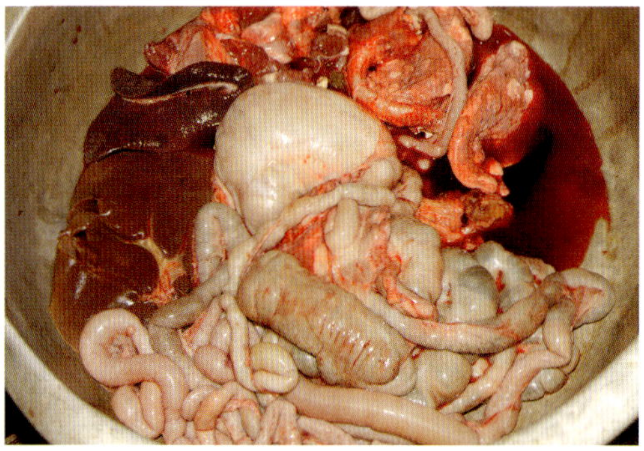

イノシシの内臓

西表島の高田見誠さん

茹でレバーと茹でハツ。血抜きしたレバーとハツを熱湯で十分に茹でる。茹で上がったらスライスして、好みで塩やぽん酢等でいただく

イノシシ肉と内臓のチャンプルー

レバーペースト

内臓料理

自分で作れば安上がりでおいしい

レバーペーストは買うとかなりお高いイメージがある。しかし作り方は意外と簡単でおいしく楽しめる。

スライスしたバゲットに付けて食べればワインが進むこと間違いなし。レバーペーストの作り方はさまざまなレシピがあるので、気に入ったものを選んでレッツチャレンジ！

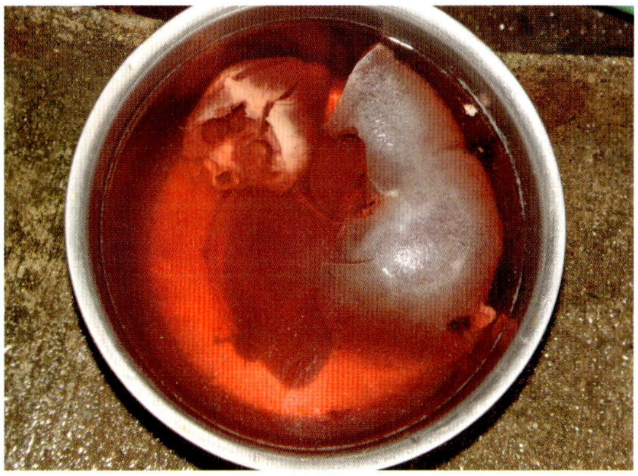

イノシシのレバー

レバーペーストの作り方

① よく血抜きをしたイノシシレバーをスライスして、牛乳に半日漬ける。
② ニンニクのみじん切りを炒めて香り出しをする。
③ タマネギの薄切りやニンジンのみじん切りを加えて炒める。
④ そこに水気をよく切ったレバーとローズマリー、ローリエを入れて炒める。
⑤ レバーの色が変わってきたら赤ワイン、塩、黒コショウ、ナツメグを加えて炒める。
⑥ 水分がなくなったら火を止めてローリエとローズマリーを取り除く。
⑦ 十分に冷やしたら味をみつつフードプロセッサーなどでペースト状にする。このとき少し生クリームを入れる。

手づくりレバーペースト。スライスしたバゲットに付けて食べればワインが進む

シカ肉はあっさり まるで牛肉である！

雑食性のイノシシと違い、シカは完全な草食性だ。そのために内臓が非常に大きいのが特徴である。胃袋は牛と同じで4つあるから牛の仲間と考えれば非常に食べやすいのではないだろうか。

高級肉として名高い黒毛和牛はほとんど真っ白のサシ（脂身）が入ったものほどおいしいと認知されている。いわゆる霜降り信仰だ。輸入牛肉でも穀物肥育のアメリカ牛がこってりおいしく、牧草肥育のオーストラリア牛があっさりおいしいと好みが分かれる。シカ肉は間違いなくあっさり派で、イノシシに比べると随分邪険な扱われ方をしているように感じる。しかし実際のシカ肉はうま味も栄養素も多く、実に可能性の高いよい肉なのだ。

捨てられるシカ

シカは残念ながらあまり食用として利用されていない。駆除の現場でもそのまま土に埋められたり、山に遺棄されたりと、イノシシに比べるともったいない始末のされ方が目立つ。なぜそのような扱いを受けるか？　それは日本的な料理がシカ肉と合わないのが最大の原因のようだ。

イノシシと違い、煮物、鍋料理には向かない

日本の伝統的料理は囲炉裏を使った煮物が基本といえる。つまり鍋料理なのだ。どんな肉も熱を加えれば固くなる。特に脂肪が少なく血の気

もっとも柔らかい部位の背ロースのステーキ。大分県の矢野哲郎さんの猟師レストランにて

の多いシカ肉はひたすら固くなるのだ。もちろん長時間煮込めば柔らかくはなるがそこまでコトコトグツグツと和風鍋料理ではしないのである。野菜類を一緒に入れて味噌仕立てでさっと食べるボタン鍋と違い、あっさりとして固いシカはあまり喜ばれなかったようだ。

牛肉を食べて固いと感じる人はあまりいないだろう。穀物飼料をたっぷりと食べ、運動らしい運動もせずに30カ月ほどで肉になるのだから当然だ。それに比べると山を駆け巡り、草や葉を食べるシカはまったく肉の質が違うのである。脂肪はほとんどないきれいな赤身で筋肉質、それでは柔らかいはずがない。例外は背ロースの部位で、ここは柔らかいために好んで刺身で食されている。いわゆるシカ刺しだ。熱を加えず柔らかくもっともシカの味を楽しめるのは間違いがないだろう。ただし生食はよほど解体に注意をしないと危険であるから、個人の嗜好以外に他人にすすめるのは厳禁である。

シカ肉がもっともおいしく、そしてバラエティー豊かに食べられているのはやはりヨーロッパである。最高級の肉として認知されるくらいに価値が高いのだ。最近、日本でも本格派のジビエ料理が食べられるようになりつつあるのは、ありがたい話である。

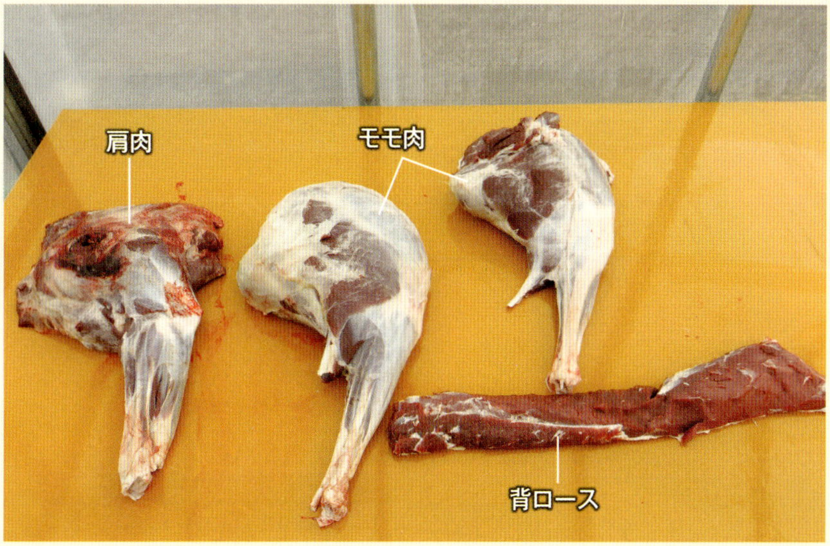

長野県川上村の渡辺亜子さんたちが仕留めたシカ肉の各部位

シカ精肉部位別名称と使用例の掲載ページ

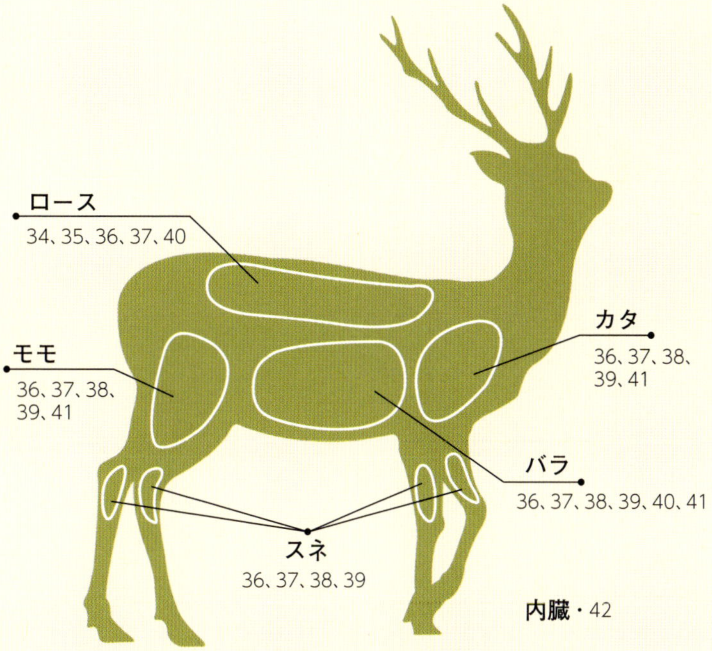

フライパンでタタキ……炙る

おいしい背ロースをレアで

背ロースは先述したようにもっともおいしく食べられる人気の部位である。私が最初にシカ肉を食べたのはニュージーランドのレストラン。そこで食べた“ベニソン”こそが、まさに背ロースのタタキなのだ。超レア状態の背ロースに西洋ワサビ（ホースラディッシュ）を付けて食べる、そのおいしさに驚いた。ここでは、料理としては比較的簡単な背ロースのタタキを紹介する。

長野県川上村は高原野菜の産地で有名である。この辺りは以前ほとんど見かけなかったシカの数が近年急激に増えた。八ヶ岳周辺のシカは個体が大きいのが特徴である。八ヶ岳タイプと呼ぶ人もいるくらいだ。エゾシカほどではないが、100kg近い大物も珍しくはない。そんな川上村で3代続く猟師家系である井出文彦さんに教えていただいた。

ロース肉に下味を付けて漬け込む

背ロースのタタキの作り方

① フライパンに入るくらいの大きさに切ったロース肉に塩、コショウで下味を軽く付ける。
② バターをフライパンにたっぷりと溶かしてロース肉を入れ、まんべんなく焼き目を付ける。
③ 中細火で加熱しながら、ひんぱんに返して均等に熱を伝える。
④ 中は赤身がそのまま残るレア状態に仕上げるのがおいしいポイント。時間は肉の大きさにもよるが20分程度が目安。
⑤ 薄く切ってニンニクのスライスをのせてポン酢をかけていただく。

鍋でタタキ……

低温調理で固くさせず、中まで殺菌する

この鍋で作る簡単タタキは井出さんのアイデアを参考に私が低温調理法で作ってみた。ご存じの鰹のタタキは、ワラに火を付けて表面を一気に炙る。外側は軽く焦げるが、中は完全な生の状態だ。こうすることで血の気の多い鰹のくさみが和らぎ、刺身とはまた違ったおいしさが生まれる。もちろんシカ肉は鰹と同じようにはいかない。そこでよく使われるのが低温調理である。タンパク質を変性させない（固くさせない）程度の温度で中まで加熱して殺菌する調理法だ。

シカ肉のタタキは早い話がローストビーフだと考えればよい。基本的にはレア状態で中まで低温殺菌されているからおいしく安全に食べられる。作り方もローストビーフを参考にすればよいのだ。

シカ肉料理に使う材料

いわゆる"ローストビーフ"だ

生食は基本的に不可

猟師の仲間内では背ロースはそのまま刺身で食べる場合が珍しくはない。しかし、解体時にすべて同じ場所で手指の消毒もせずに処理される。さらに使う刃物も同じではかなりの高リスクである。

人体に有害な菌類はそのほとんどが内臓に付着しているから、腹を開いた刃物や内臓を触った手で肉に触れることは危険である。牛肉の処理はそのあたりが非常に厳しく定められている。そうして流通される肉も生食は基本的に不可なのだ。そこからさらにトリミング作業（周りを削り取る）を行ない、完全に他部位とまったく触れていない肉だけが生食にされる。このように手間が格段にかかるから、生食用の肉は高価になるのだ。もちろんシカ肉も同様に完全な処理がなされれば生食も可能である。

背ロースのタタキの作り方

① シカのロース肉に塩、黒コショウ、ニンニクで下味を付ける。
② フライパンでこれを軽く炙り、まんべんなく焼き色を付ける。

下味を付けたロース肉を軽く炙る

③ 粗熱を取ったらフリーザーバッグに入れてローリエ、ローズマリーにバルサミコ酢、オリーブオイル、赤ワインを適量加えて数時間冷蔵庫で寝かせる。

フリーザーバッグに入れて寝かせる

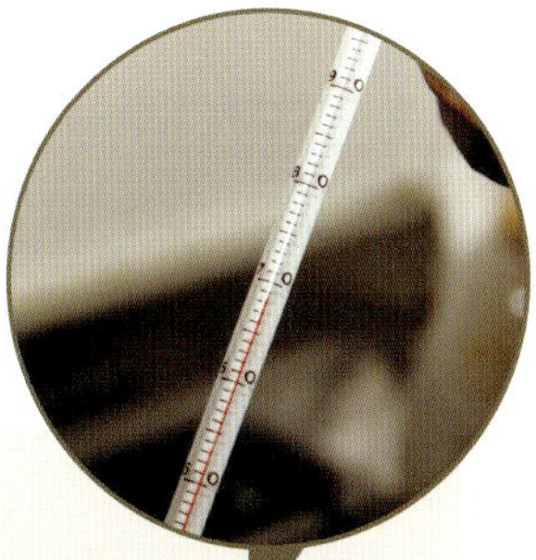

湯煎温度は70度程度

低温でじっくり20～30分湯煎

④ 冷蔵庫から出したら中の空気をなるべく抜いてから湯煎する。温度は70度程度で肉の大きさにもよるが20～30分で完成。

ハヤシライス… 煮る

シカ肉がぴったり合う

誰もが懐かしく、そしておいしく食べられる煮込み料理といえば、ハヤシライスがカレーと並び双璧ではないだろうか。最近では昭和レトロの料理としても人気が復活している。そんなハヤシライスに実はシカ肉がぴったり合うのである。

大分県の猟師レストランＲＹＵＯの人気メニューはいろいろあるが、もっとも気軽に食べられるのはやはりシカ肉のハヤシライスだ。トマトソースではのかに甘みがあって実においしい。フレーク状になったシカ肉は柔らかく、しかしソースに溶け込んでもいない。しっかりとシカ肉の存在を維持しながら噛みしめることができるのだ。これならお年寄りから辛いものの苦手な小さな子どもまで喜んで食べること間違いなし。材料としては部位を選ばない料理なので、それぞれの都合で自由に調理できるのもありがたい存在である。

ハヤシライスは市販のルーを使うのがもっとも簡単である。それではせっかくのシカ肉がもったいないと感じたら、これにフレッシュトマトを１個加えるだけでＯＫ。こうすることでいつも作っている市販のハヤシライスがおいしいシカ肉ジビエに変身するのだ。もっと本格的に作りたければデミグラスソースを使ったり、炒めタマネギとフレッシュトマト（またはホールトマト）、ニンニク、バター、赤ワインなどを使って本格的なソースを作る手もある。カレー同様にハヤシライスのレシピは豊富なので、いろいろな楽しみ方ができる料理といえる。

ラグーソースパスタ………

半端な肉などの有効活用でラグーソースを作る

シカやイノシシなどの野生獣を解体すると一般的に３割から４割の肉が取れる。そのうち、モモ肉やロース肉のようにまとまった形で取れる部位は使い勝手がよい。しかしそれ以外にも骨の周りや内臓周りにも結構な量の肉が付いているのだ。このような端肉や整形途中で出る細切れ肉もおいしい素材であることには違いない。半端な肉の有効活用料理を大分県の廣畑美加さんに教えていただいた。

ラグーソースとは食材を細かく切って煮込んだソースのことである。もっともポピュラーなのはミートソースだ。まとまった形が取れない部位や切り落としなどを使い、簡単にできるのも特徴である。シカ肉の有効活用料理でもある。パスタにかけて食べれば本格ジビエパスタのできあがり。冷凍保存も利くので、いつでも食べられるうれしい料理である。

シカのニオイは消えているが独特の味わいはしっかりと残っている傑作

パスタにかければ
本格ジビエパスタ

ラグーソースの作り方

① 細切れ状態のシカ肉を包丁でさらにみじん切りにする。このときにミンサーで挽いてもよい。
② 熱したフライパンにオリーブオイルを入れてニンニクのスライスを炒め、香り出しする。
③ そこにみじん切りしたニンジンとタマネギを入れてよく炒める。
④ 細かく切ったシカ肉を入れ、火が通ったら、塩、黒コショウ、ローレル、ナツメグ、タイムなどを加える。
⑤ 白ワインを加えて味をみつつアルコールを飛ばしたら、生またはホールトマトを加えて15分程度煮込めばできあがり。

シカ肉は細切れにする

ミンサーで肉を挽く

ニンジンとタマネギを炒める

ホールトマトを加える

ハンバーグ

挽肉料理

みじん切りのニンジンとタマネギを加える

これも大分の廣畑美加さんに見せていただいた。ハンバーグはお年寄りから子どもまで人気の定番料理である。基本的には牛肉のハンバーグと考えればよい。これも半端な肉やまとまった形が取れない部分を有効活用できる便利な料理である。

シカ肉は脂肪がほとんどないので挽肉状にしても固い。ラードなどを入れたり、つなぎとしてパン粉や豆腐、おからなどを加えたりしてもおいしくできる。

美加さん同様、料理好きな
大分県の廣畑栄次さん

まずミンサーでシカ肉を挽く。部位はどこでもかまわない。このときにあらかじめ賽の目状に切ったほうが挽きやすい。みじん切りにしたニンジンとタマネギに挽いたシカ肉を加えてよく混ぜ合わせる。塩、黒コショウなどをふり粘りが出るまで混ぜる。後は適当な大きさに整形して焼くだけ。

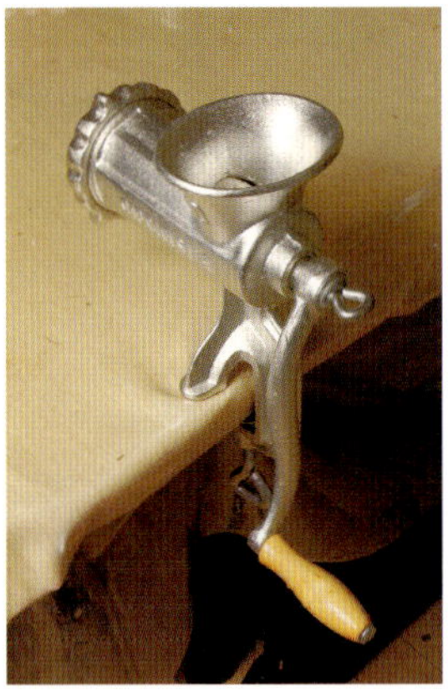

廣畑さんのミンサー

ニンジンとタマネギが入ると固くならない

シカ肉をミンサーで挽く

シカケバブ……挽肉料理

腸詰めにしないウィンナーを焼いた料理

シカ肉の特徴として加熱時の固さがあげられる。そのためシチューのようにうんと煮込むか、シカ刺しで食べることはすぐに思いつくだろう。以前、挽肉にして100%のシカ肉ハンバーグを作ったことがあるが、あまりの固さに驚いた。しかし肉そのものの味は素晴らしいものがあった。そこで私が思いついたのがシカケバブである。

ケバブとは中近東方面の肉料理でさまざまな香辛料を入れて焼いたものだ。腸詰めにしないウィンナーを焼いた料理だと思えばよいだろう。

そのまま串に刺して串焼きにすればイベントなどで提供しやすいだろう。皿にのせるときは一口大に切れば固さはさほど気にならない。噛みしめるたびにシカの味が楽しめる逸品である。

ケバブはもともと中近東の肉料理

シカケバブの作り方

① シカ肉をミンサーで挽く。部位はどこでもよい。このときあらかじめ細切れ状態にしておくと挽きやすい。
② ミンサーは「粗挽き」に設定する。「細挽き」は目詰まりしやすいので手間がかかる。
③ 挽いたシカ肉に塩、黒コショウ、ガラムマサラ、ローズマリー、ケイジャンスパイス等を入れてよくこねる。
④ しばらく落ち着かせたら最初は団子状に適当に分ける。
⑤ それを棒状に延ばしてからフライパンで焼く。

餃子……挽肉料理

野菜などが加わるので固さは感じにくい

ふつう餃子といえば豚肉で作る。だからイノシシ餃子は驚くに値はしないだろう。しかしシカ肉で餃子を作るとなるとどうだろう…これが意外においしいのだ。野菜などの具材が多く入るのでシカ肉特有の固さはほとんど感じられない。シカケバブとはまったく違うシカ挽肉料理としておすすめである。

餃子の作り方

① 肉の部位はどこでもかまわない。これもスネ肉などの固い部分や、まとまった形が取れない部分の有効活用法である。
② 賽の目状に切った肉をミンサーで挽く。設定は「粗挽き」にしたほうがよい。

③ 挽いた肉に塩、黒コショウ、ニンニク、ショウガ、ニラ、ネギ、キャベツ等を入れてよく混ぜ、あとは餃子の皮に包んで普通に焼くだけ。

シカ肉の餃子は意外においしい

焼肉 …………………… 焼く

柔らかくて食べやすいバラ肉で

シカはイノシシに比べればバラ肉を意識することは少ない。しかしイノシシ同様にバラ肉は柔らかく脂肪分が比較的多いから食べやすい部位である。シカとは思えない柔らかさと適度な脂分が多くの人を喜ばせること間違いなし。

バラ肉を細切れにして焼肉のタレに漬け込む。あとは焼くだけ

シカカツ ……… 揚げる

あっさりシカ肉をこってりと

大分の廣畑美加さんに教えていただいた。シカはあっさりした食材でその点は鶏のムネ肉と似ている。煮込みがあっさりし過ぎると感じるならば揚げものにするのがよい。ごく普通のカツの作り方でおいしく食べられる。揚げもの料理としてはシカの竜田揚げもうれしい晩ご飯になること請け合いだ。

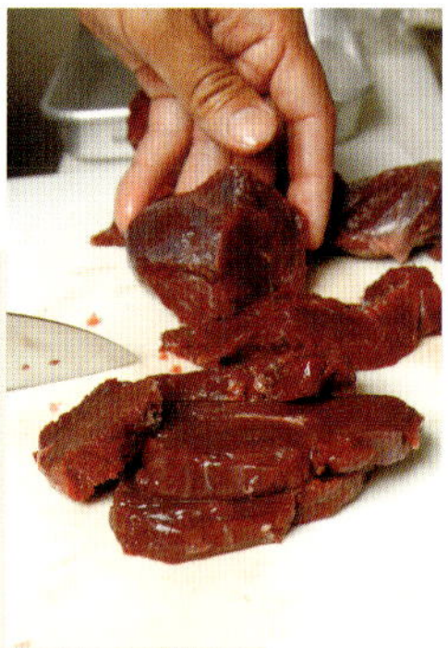

ロース肉を切り分ける

シカカツの作り方

① シカ肉を一口サイズに切り分ける。
② 下味を付けた肉に小麦粉をまぶして溶き卵にくぐらせて衣を付け、油で揚げる。

油で揚げる

ロース肉といえばやはりカツ

醤油漬け ……… 漬ける

完全解体処理が前提となる

これは基本的に生食に近いから、タタキのところ（35ページ）で述べたように細心の注意を払った解体処理が前提となる。それができない場合はおすすめできない。自分で獲物を獲る猟師ならではのぜいたくともいえるだろう。ここでは福岡の中原裕美余さんのご主人が細心の注意を払って解体処理したシカ肉をいただいたときの調理法を紹介しよう。

最初からスライスして漬け込み、そのままシカの漬け丼風にして食べるのもおいしい。もちろん生食が苦手な人は軽く炙ってから食べてもよい。香ばしくて酒が進むシカ料理である。

スライスして薬味をのせていただく。なんとも涼しげ

漬け込んだシカ肉

醤油漬けの作り方

① 完全処理されたシカ肉のブロックをフリーザーバッグ等に入れる。
② そこに酒、醤油、みりんを入れて空気を抜いて密閉。
③ そのまま2日ほど冷暗所で保存する。

塩こうじ漬けの冷しゃぶサラダ …… 漬ける

塩こうじで肉を柔らかくする

野菜や肉をひときわおいしくすることで一気に人気が高まった塩こうじ。シカ肉にも応用すると驚きの料理のできあがりだ。

中原さんによると、猟師が「獲物が大きかった」というときは、たいてい肉質は固め。「塩こうじはお肉を柔らかくする」と聞いて作ってみたというのがこれ。塩こうじ漬けしたシカ肉を焼いてサラダ仕立てでいただく。ドレッシングいらずで食べられるとのこと。塩こうじ漬けそのままを焼いてももちろんおいしい。

好みの野菜の上にのせてポン酢などでいただく

シカの冷しゃぶサラダの作り方

① 適当な大きさのシカブロック肉を塩こうじに一晩漬け込む。
② フライパンで全面に焼き色が付くまでゆっくりと加熱する。表面の塩こうじは拭ってから焼く。
③ タタキ状になったら粗熱を取って薄く切る。

シカの味噌漬け

作り方は味噌漬けと同じで容器に味噌やみりん、酒等を入れて漬け込むだけ。イノシシの味噌漬けと同様に、漬け込むことで肉が柔らかくなりうま味が増す。宮崎県椎葉村では“カンチョウの刺身”と呼んで生で食べる場合が多い。柔らかくなったシカ肉と味噌の風味が味を引き立てておいしいのは確かだ。しかしやはり生食が心配な方は火を通して食べることをおすすめする。

レバーペースト…内臓料理

新鮮なうちの処理が味を決める

シカはイノシシに比べると内臓が大きく、その分食べ応えはある。なかでもハツとレバーは巨大な臓器でムダにしたくない部分だ。新鮮なうちによく水洗いして血抜きをすることで非常においしい素材になる。作り方はイノシシのレバーペーストとまったく同じである。とにかく内臓料理は新鮮なうちの処理がその味を決めるからスピード勝負だ。

新鮮さが大事なのでスピードが勝負のレバーペースト

レバーペーストの作り方

① レバーはあらかじめいくつかに切っておく。そのほうが作業しやすい。
② よく水洗いする。こうするとほとんどにおわないので、牛乳に漬ける必要はない。
③ ニンニクのみじん切りを炒めて香り出しをする。
④ タマネギの薄切りやニンジンのみじん切りを加えて炒める。
⑤ そこに水気をよく切ったレバーとローズマリー、ローリエを入れて炒める。
⑥ レバーの色が変わってきたら赤ワイン、塩、黒コショウ、ナツメグを加えて炒める。
⑦ 水分がなくなったら火を止めてローリエとローズマリーを取り除く。
⑧ 十分に冷やしたら味をみつつフードプロセッサーなどでペースト状にする。このとき少し生クリームを投入する。

茹でハツ………内臓料理

コリコリとした食感と独特のうま味

これもイノシシハツ同様に茹でるだけの簡単料理だ。コリコリした食感と独特のうま味にあふれたおいしい部位である。そのまま食べてもよいが、炒めものの具材として使っても重宝する。そこはレバーも同じで甘辛く煮付けてもおいしいつまみになること間違いなし！

茹でてスライスするだけの簡単料理

茹でハツの作り方

① 大きく切ったハツをよく水洗いして徹底的に血抜きをする。レバー同様にこのときの処理がおろそかだと味が落ちるので要注意だ。
② 大きめの鍋でしっかりと茹で上げる。

大きめの鍋でしっかりと茹で上げる

適当な大きさにスライスして薬味やポン酢などでいただく

第2章

皮・角・牙を利用する

手づくりの愉しみ

シカ皮は輸入、駆除シカは廃棄のアンバランス

獣類の皮や骨などは古代から大切な材料として利用されてきた。骨を加工して釣り針や縫い針に、皮は衣服や敷物に利用されている。現在も皮革製品は小物のキーケースからカバンやジャケットまでさまざまな商品として売られている。特にシカ皮は剣道のコテ、弓道の手袋、甲州印伝（シカ皮に漆で模様を付けた伝統工芸品）などの伝統産業分野では欠かせない材料である。

しかし実際に国内で消費されるシカ皮の大半は外国からの輸入品なのだ。年間38万頭にものぼる駆除されたシカの皮はほとんど廃棄されているのが現状である。それに対して輸入されるシカ皮は近年倍増しているのだ。このアンバランスを調整できれば、地域の大切な資源としてシカ皮が見直されるのでないだろうか。

小さな商売が大量輸入に吹き飛ばされた

皮や牙も本来は地産地消の傾向が強かった。獲った猟師、または近くの人が独自の方法でなめして販売したのである。それをまとめて買い取る商人がいて加工所に卸されたり、個人的な売買で旅館などの施設に装飾品として売られたりしたのである。もともとは地域の小さな商売だったが、海外から安く大量に皮類が輸入されるようになり、需要が激減した。

近年では価値観の変化で敷き皮や剥製などをほしがる人もいなくなった。以前は一種のステータスシンボルとして玄関先に剥製や敷き皮を置く家もあったが、今ではそのようなものはグロテスクで趣味が悪いと見なされるようになり、次々廃棄されている。こうして地域での小さな需要に支えられてきた獣皮の活用は途絶えつつある。また加工に携わってきた人たち自身が高齢化し、廃業が相次いでいることも獣皮利用を滞らせる原因となっている。こうして皮は利用価値のないもの、不要のものという位置付けになってしまった感があるのは残念だ。

捨てられていた毛皮をばらしたら人気に

この流れはシカやイノシシに限られた話ではない。ツキノワグマを追うマタギの世界でも同様のことが起きている。

秋田県北秋田市阿仁はマタギ発祥の地として有名である。多くのマタギたちが代々雪深い山を猟場にしてきた集落である。その昔、クマは非常に商品価値が高かった。金以上に高価だと見なされたクマの胆と冬眠明けのきれいな毛皮が特に重要だったのである。しかし近年、クマの胆は薬事法の関係で事実上売ることができなくなり、また毛皮や剥製も今や誰も見向きもしない。その結果、クマの毛皮は山中に捨てられる始末である。

ところがこの捨てられていたクマの毛皮を拾って加工した人がいた。その人は打当地区の“クロモジ仙人”こと鈴木忠義さんで、私が尊敬する山のアイデアマンだ。忠義さんは山から採取したクロモジ（爪楊枝に使われる木）を独自の加工法でお茶にして年間200万円以上を売り上

かつては商品価値が非常に高かったクマの毛皮

げている。その忠義さんがある日、山中に捨てられたクマの皮を見て考えた。

「もったいねぇなあ。売れねぇからって何も捨てることはねぇべ」

捨てられていた毛皮を持ち帰ると、自分でなめしながら利用方法をじっくりと考えた。立派な敷き皮なら以前は20万円以上で売れた。しかし今はそれでは買い手がつかない。いまどきクマの毛皮に20万円も出す人はいないのだ。

「そんとき気が付いたのよ。1頭分そのままだから売れねぇんだって」

こうして忠義さんはなめした皮を小さく切り、お土産用のミニ背当てを作った。これはマタギがクマ狩りに行くときに使用した背当てのミニチュア版である。そして毛皮に付いたまま捨てられていたクマの爪も、きれいに加工してストラップを作ったのである。マタギの里にありそうでなかったこの商品はたちどころに売り切れるほどの人気を博したのである。これを見た周りの人はもちろんそれ以来誰も毛皮を捨てることはなくなったのだ。小さなアイデアがムダをなくして経済に結びつけた好例である。これこそが皮や牙の正しい活用法ではないだろうか。

時代の変化で一度は価値がないと見なされたクマの皮。ここにまったく違う角度から光を当てる人が現れたおかげで、多くの人にマタギの里阿仁を印象づける名品に生まれ変わ

クマの毛皮とミニかんじきを組み合わせたセット。3500円

クマの牙を磨いて形を整えたストラップ。大（約5㎝）が1個3500円

爪も携帯ストラップに。1個3000円

ったのである。この実例でおわかりのように、狩猟関係者のみでは利用のアイデアに限りが生じる場合もあるのだ。多くの人が絡んでこそ、思いもつかない利用方法が生まれる可能性が出てくるのである。

ハンドクラフトの可能性

シカ皮は柔らかく丈夫な素材として高い評価を得ている。需要は増えるいっぽうであり、そこに何とか入り込む余地はないものだろうか。大量生産する分野では輸入品との価格競争に勝ち抜くのは至難の業。そこで目を付けたいのはハンドクラフトの分野だ。

ハンドクラフト用の素材を扱う都内の専門店をのぞくと、シカ皮の端切れがかなり高額な値段で売られていることに気付くだろう。趣味の手作り系分野は小物がほとんどであり、少量しかシカ皮を使わない。だからよい客にならないと感じる人もいるだろう。しかしそれはまったくの見当違いなのだ。この趣味人は確かに少量しか使わないが、必ず一定量を必要とするリピーターに成り得る人たちである。今はどのような分野でも、いかにこのリピーターを生み出して息の長い商売につなげるかが大変重要な課題だ。一人一人の消費量が少ないからといって決してバカにしてはならない。

もう一つ大事なことはハンドクラフトの愛好者が全国に広がっている

イノシシの毛皮。そのままでは使わず、一部をナイフケースに貼って製品にする。
石川県の長田泉さん・富士子さんの猟師カフェにて

点だ。カメラや鉄道、釣りなどを趣味にする人たち同様に、彼らも好きなことにはお金も時間もある程度は費やすのである。これはかなり有望な市場だと思える。積極的に情報を提供して国産皮牙の需要拡大につなげたい。

毛皮利用か、皮革利用か

剥いだ皮をそのままにしておくと腐ってしまう。これは皮に付いた血や脂などの組織が腐敗するからだ。それを防ぐには、まずこれらの腐敗要素を洗い落とす必要がある。きれいに洗い落とした皮は乾燥するとほとんどスルメ状態でパリパリになる。これを根気よく揉んだり、薬品で柔らかくしたりしたものが素材としての革である。以前はこのなめしを行なう人が各地にいたが、高齢化などで少なくなるいっぽうだ。

獣類の皮利用には2種類ある。表面の毛が付いたままの状態を毛皮（ファー）、毛を落とした状態を皮革（スキン）という。テンやキツネ、ミンクなどは何枚も貼り合わせ、高級なコートになる毛皮利用だ。カバンや靴、ソファの上張りは主に牛革、バッグや小物入れにはピッグスキンやオストリッチなども使われる。その皮質によって当然用途は違う。シカやイノシシは、その毛質からも毛皮利用よりは皮革利用のほうが向いている。

なめす人がいないなら自分でやればいい

高知県四万十町「四万十革部」

四万十に移住した若者の取り組み

なめしを行なう人がいないのならば自分でやればいい。高知県の四万十町にはそんな頼もしい若者がいる。

大久保洋平さんと山脇佳子さんはそれぞれ四万十市と四万十町に移住して地域振興に貢献している。山脇さんは高知市から移住し、フリーランスでインターネットサイトの制作・運用、自然体験プログラムの企画・運営などを手がけている。こうした取り組みの一つに「四万十革部」があり、地域で捕獲されたシカ皮の製品制作を手がけているのだ。皮をなめすにあたっては、地域の活性化をめざす移住者仲間である大久保さんに声をかけたというわけだ。

なめし作業は大久保さんの四万十市西土佐のカフェの軒先で、誰でも自由に参加できる形で合計5回にわたってにぎやかに行なわれた。やり方は素人でもやりやすい、ミョウバンなめしである。

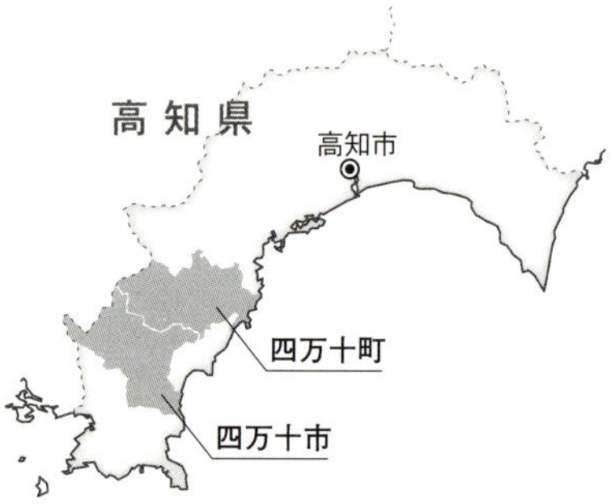

なめしたシカ革で自分たちで作ったランプシェード

こちらは小物入れペンケース（右）とコインケース（左）。これも手づくり

なめしたシカ革を見せる大久保洋平さん

四万十革部のなめし方

※写真は大久保洋平さん提供

1. 肉や脂肪を取り除く

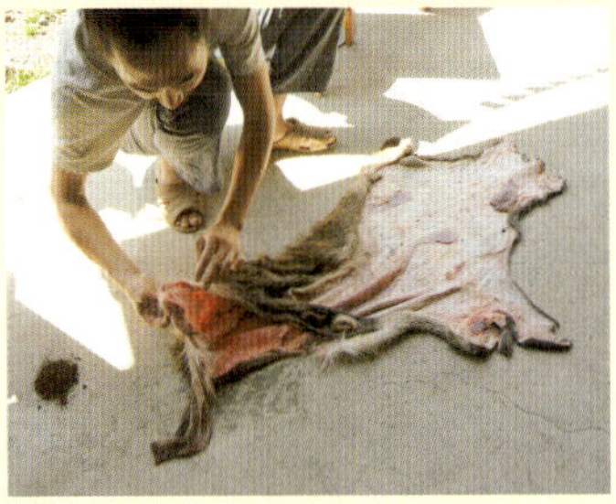

剥いだ皮をよく水洗いして血や脂分などをていねいに取り除く

椅子を逆さにして丸太を渡して作業台にし、刃物を使って肉片などをこそぎ落とす

水洗いしていったん終了。二人がかりで4～5時間の工程

2. 石灰、塩に漬けて毛を抜く

ビニール袋に石灰と塩（1：1）を入れた水を入れ、約10日間放置する。石灰水に漬けることで毛が抜けやすくなる。塩は腐敗を防止する

毛が抜けるかどうかを確認し、抜けやすくなっていたらＯＫ

石灰をよく洗い流し､例の作業台へかけ、竹の皮や鎌を使って毛をていねいにこそぎ落とす。よく水洗いする

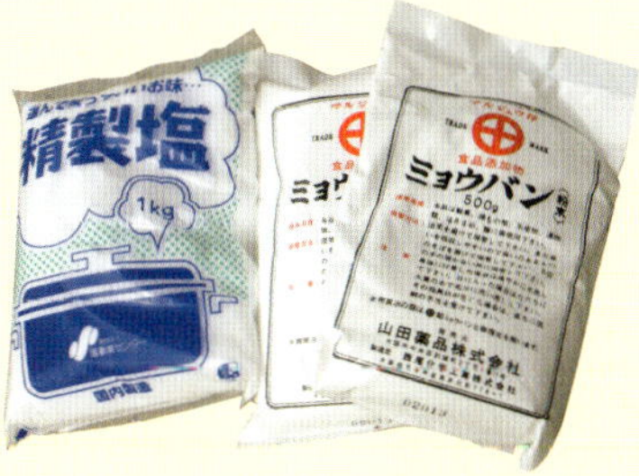

3. ミョウバンと塩を擦り込んでなめす

ミョウバンと塩（5：1）を混ぜたなめし剤を作る。ミョウバンは薬局で買える

なめし剤をまんべんなく皮に擦り込んでなじませ、ビニール袋に丸めて入れ、約10日間放置する

なめし剤を流水でよく洗い落とし、水気を切ってからピンと板張りにする

4. 乾かしてから柔らかくする

完全に乾燥したら、板から外してサンドペーパーでこすり、凹凸部をなくす

柔らかくなるまで油などを付けてよく揉む、叩く、引っ張る

四万十革部のメンバー。左から山脇佳子さん、大久保洋平さん、大久保さんの奥さんの真弓さん

合間にやるから仕事になる

なめしの工程は50ページのように時間がかかる。しかしそれは逆にいうと仕事の合間を見てやればよいともいえる。このような作業は無理をせずにできる範囲で気楽に行なう方がいいのだ。

この工程で石灰を用いずにミョウバンと塩だけのなめし液のみを使えば、皮革ではなく毛皮が作れる。ただしシカやイノシシの毛は固く、あまり肌触りはよくない。断熱性が乏しい分通気性はよいから、そこを利点とした製品には向いているだろう。

ミョウバンと塩の割合

山脇さんによるとミョウバンと塩の割合は当初１：１で処理をしたそうだ。しかし現在では塩の割合をかなり下げている。腐敗防止には問題がなく塩分濃度が低い分乾燥しやすくなったということだ。

四万十革部では革を使って懸命な商品開発をしようとは考えていない。部活のように楽しみながら少しずつやろうとしている。なかでも四万十川というネームバリューを活かした農山村体験型のメニューにクラフトを取り入れているのだ。

皮なめしを委託する

皮なめしを外部に頼みたいという場合もあるだろう。「イノシシとシカの皮をなめして産地にお返しします」というのが、「MATAGIプロジェクト」だ。原皮を送ると、１枚5000円でなめして、「革」として返してくれる。バッグや財布など、どんな皮革製品にするかは産地の自由だ。前処理として、脂身と肉片を取り除き、塩漬けにして乾かしてから送る。

MATAGIプロジェクト実行委員会事務局（山口産業㈱内）
東京都墨田区東墨田3-11-10
TEL03-3617-3868　FAX03-3613-3239
山口産業ホームページ　http://www.e-kawa.jp/

大きなものより小さいほうがいい

石川県白山市クラフト工房「CRAFTWORKS ER」

金沢市内から、猟場の近い白山市へ移住

前述したマタギの里の例でおわかりのように、皮革は何もまとまった大きなものだけが利用価値が高いわけではない。逆に小さいほうが気軽に使えて安い分売れるといった現象も起こりうる。クラフト素材にはそのような可能性も秘められている。石川県白山市で猟師カフェとクラフト工房を営む長田富士子さんの現場を見せていただいた。

長田さんの店舗は“CRAFTWORKS ER”といい、白山山麓のスキー場に程近い場所にある。ここでご主人の長田泉さんが仕留めたシカやイノシシを料理やクラフト製品に活かしているのだ。

もともと富士子さんは金沢市内でクラフトショップを営んでいた。そこでは革製品の修繕や製作教室等を長年行なっていたが、現在は猟場に近い場所へと移り住み、小さな地産地消をめざしているのだ。

イノシシの牙アクセサリーでワイルドに

大物のイノシシの牙はそれだけでも魅力的である。しかしそのものを転がしておいても魅力は活かされずホコリをかぶるだけだ。それを輝ける商品にするのがクラフトの技だ。

イノシシの牙は中が空洞になっている。そのままだと割れて加工がしにくい。そこで中に充填剤を入れて固めることで牙そのものを補強して加工しやすくする。

クラフト工房・CRAFTWORKS ERの外観。猟師カフェでもある。右下の小屋は鶏小屋。畑もある

こうして素材としての牙ができあがれば、あとは牛皮やイノシシの毛を組み合わせていく。このときにビーズ等をあしらってアクセントにする。イノシシの牙は“もののけ姫”が首からかけるネックレス的な製品がワイルドで楽しい。少し大き過ぎると感じたらバッグのワンポイントや車のアクセサリーに最適だ。

イノシシの毛皮は一枚使いに、小物に

イノシシの毛はかなりの剛毛である。古くからの利用法としては刷毛やブラシ類によく使われている。また独特の書き味があると書道家が筆として重宝しているが、やはり一般的にはあまり利用されていないようだ。

クラフト製品を作る
長田富士子さん

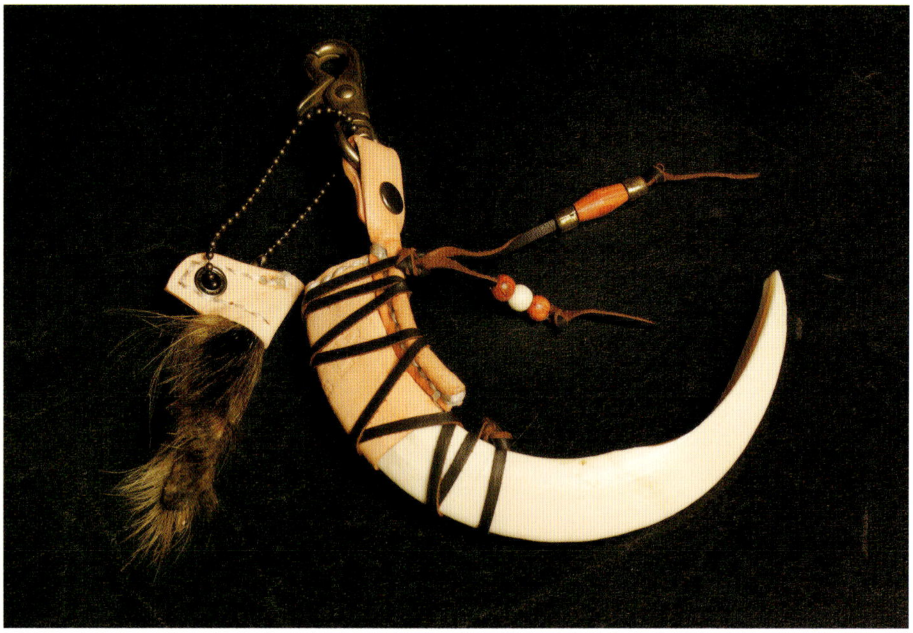

ご主人の泉さんが仕留めたイノシシの牙を使って作ったアクセサリー。特大で9000円。
ずしりとした重量感がある

イノシシの牙は中が空洞（右）。
左のように中に充填剤を入れて加工しやすくする

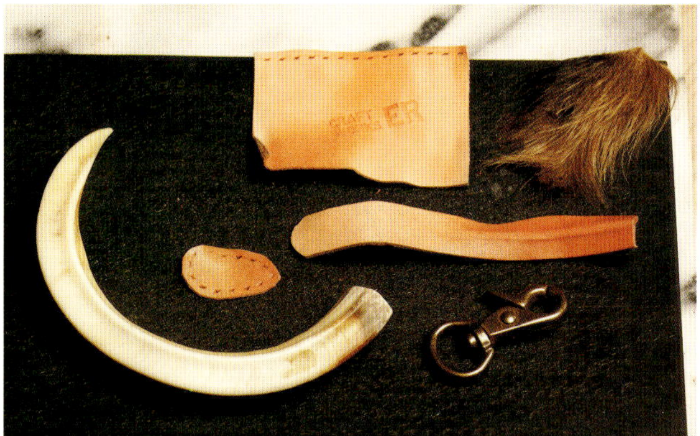

イノシシの牙のアクセサリーに使う材料

長田さんは一枚ものとして、なめしたイノシシの毛皮を車のラゲッジスペースに敷くことを提案している。その理由は汚れにくく水を弾くのでワイルドな扱いに向いているから。確かにイノシシの野生生活を支えてきた毛皮なのだから、よい使い方といえるだろう。

長田さんが考えるもう一つの利用法は小さく使うやり方だ。これは先ほどの一枚使いとは正反対で、バッグや小物のアクセントとしての活かし方である。素材の質の違いが製品のポイントとなって際だつ。

クラフト教室でお客さんを山の中に呼び込む

CRAFTWORKS ERでは販売以外に力を入れているのが教室である。世界に一つしかない製品を自分で作るために、山の中まで多くのお客さんが訪れる。その中にイノシシの牙や毛を組み合わせること

クラフト製品作りに使う道具

イノシシの毛を使ったこんなキーホルダーも。4000円

イノシシの牙に革を巻いて固定していく

皮のなめしは業者に委託

長田さんたちは、なめしを山口産業㈱（52ページ）と布川《ぬのかわ》産業という業者に委託している。毛皮に特化したなめし専門企業で、ふつうの皮なめしも受け付ける。加工料金はホームページで案内している。

㈱布川産業
新潟県胎内《たいない》市黒川1069-34
TEL0254-47-3315　FAX0254-47-2514
www.nunokawa-sangyo.com

で特色ある個性的な一品が生まれ、ファンがついているのだ。決して便利ではない山の中でもめざしてお客さんが来てくれる。そして同時に食事も楽しんでくれるのだ（料理メニューは16、24ページ）。

シカの角もクラフト力で魅力的に

毎年生え替わるシカの角は春先に柔らかく、その時期のものは袋角といわれ漢方薬の材料として扱われる。それ以外の時期はナイフの柄を作ったり、根付け細工やスライスしてボタンなどに加工されたりする。

自然の造形としてもおもしろいのでそのまま部屋の飾りにされる場合もあるが、クラフト力で魅力ある品にしたい素材だ。山間の道の駅では束にしたシカの角が無造作に置かれて結構な値段が付けられている。ネットでも多くの角が売られているので、やはりクラフト力のある人にとっては興味をそそられるのだろう。

猟師でありシェフでもある長田泉さんとクラフト担当の富士子さん

CRAFTWORKS ER のカフェスペース。ホームページあり

ピンポイントでイノシシの毛皮をあしらったバッグ

第3章

獲る

獲物との駆け引きの知恵

ワナ猟

動物の動きを止める

シカやイノシシは大変用心深い。嗅覚や聴覚に優れ、そのうえ行動は敏捷でバッタを手づかみするようには簡単に捕らえられない。そこで大昔から人は知恵を絞り、仲間と協力してシカやイノシシを捕獲してきたのである。

動物はその字のごとく動くものである。捕まえようとすれば当然逃げ回る。であるから捕獲するには動物の動きを止めなければならない。この行為が狩猟なのである。

ここであえて現行の狩猟法（正しくは「鳥獣の保護及び管理並びに狩猟の適正化に関する法律」、監督官庁は環境省）に記された狩猟の定義を条文から抜粋する。

「この法律に於いて“狩猟”とは法定猟法により狩猟鳥獣の捕獲をすることをいう」

狩猟法では捕まえることが狩猟なのだと定義している。これは当然動きを止めないとできない行為なのだ。

ワナ猟と銃猟

シカやイノシシの狩猟方法にはワナ猟と銃猟がある。前者は生きたまま相手を固定して動きを止め、後者は射殺することで動きを止めるのだ。さらに自由猟法というやり方もある。これは狩猟法で定められた法定猟具以外を利用するやり方だ。例えば石や木の枝を投げつける、または獲物そのものにタックルして捕獲するわけだが、実際問題としては不可能だろう。落とし穴やクロスボー（西洋の弓銃）は禁止されているので使用できない。

誰でも獲れる方法として、車で跳ね飛ばされた獲物を拾うというものもある。「ロードキル」と呼ばれ、山間部の主要国道ではトラックに跳ね飛ばされたシカやイノシシがごろりと転がる姿をよく目にする。見た人はすぐに駆け寄って鮮度を確かめ、新しければ喜んで持って帰るのだ。もちろん跳ね飛ばされているから内出血が激しく、おいしく食べられる部分は少なくなる。しかしこれぞまさに天の恵み。狩猟免許がない人でも獣肉が手に入る。生きた獣を獲るわけではないから狩猟ではないのだ。しかし、車であえて跳ね飛ばすのは厳禁だ。場合によっては車は大破して廃車確実、もとよりわざとぶつければやはり自由猟の範疇に入るから許可が必要になる。まあそのような行為に及ぶ人はいないとは思うが…。

いずれにしても狩猟は相手の命を奪う行為であり、また殺傷能力の高い武器を使用するわけだから、生半可な気持ちで参入してはいけないのである。

生きたまま捕らえるワナ猟

ワナ猟は生きたままで獲物を捕らえるやり方だ。銃猟が獲物を撃ってその動きを止めるのに対し、ワナ猟は器具を使ってその動きを止めるのである。

大別すると、獲物の足を固定することで動けなくするくくりワナと、獲物そのものを入れものに閉じ込め

銃猟で獲ったシカ。
長野県の川上村にて

る箱ワナに分けられる（箱ワナより大型で天井のないタイプの囲いワナもあるが、大がかりなので本書では扱わない）。くくりワナは構造が簡単で数多く設置することができる。箱ワナは移動も大変で費用もかかるために、たくさん仕掛けるのは不可能である。それぞれに特徴があり、また周りの環境などで設置に向き不向きがあることを知っておくべきだろう。なお、くくりワナに関しては使用自体が禁止されている地域もある。これはシカやイノシシとツキノワグマが混在していることが大きな理由だ。また、くくりワナ、箱ワナともに、猟期に大雪や寒波に見舞われた場合、ワナが凍りついて作動しない場合もある。

箱ワナで獲ったイノシシ。この日、愛知県の成瀬勇夫さんたちは2日で5頭獲った

銃器の取り扱いに比べればワナは安全だと思われている。しかし実際に掛かった獲物は生きている状態であり、最終的にその息の根を止めなければならない。このときに獲物は文字通り命がけの反撃を試みる。銃を持っていればそれを使うことも可能であるが、そうでない場合はどうするのか。知り合いの銃所持者に頼むこともできるが、相手の都合もあるし、また発砲が禁止されている場所や時間（銃禁区域等）もあるのだ。やはり基本的にはワナを仕掛けた人が自分で決着をつけることが望ましい。

どちらにしても必死で立ち向かってくる獲物との距離は恐ろしく近いのだ。ある意味銃より危険だといえる。実際ワナから逃げたイノシシに反撃を喰らって命を落とした猟師は少なからずいるのであるから。

集団猟か、単独猟か

銃猟には集団猟と単独猟があった。ワナは基本的に単独猟だと思われがちだが、決してそのようなこともない。大きな箱ワナは移動に人手が不可欠で、仲間との共同作業が理想的だ。また、くくりワナも数多く仕掛けた場合の見回りなどの管理に実は手間がかかる。それを分担すれば、合理的にムダなく猟を行なうことができる。そして先に述べたように、止め刺し行為のときには、やはり一人よりは複数のほうが安全性は担保されるし、実際の作業はスムーズなのである。もちろんすべて一人でこなしてもなんら問題は生じない。集団で行なうか個人で行なうか、結局は各人の性格の問題となる。

では狩猟法で定められた動きを止める方法とは、いったいどのようなものなのだろうか。各現場を見ていくことにしよう。

図 3-1　狩猟の種類

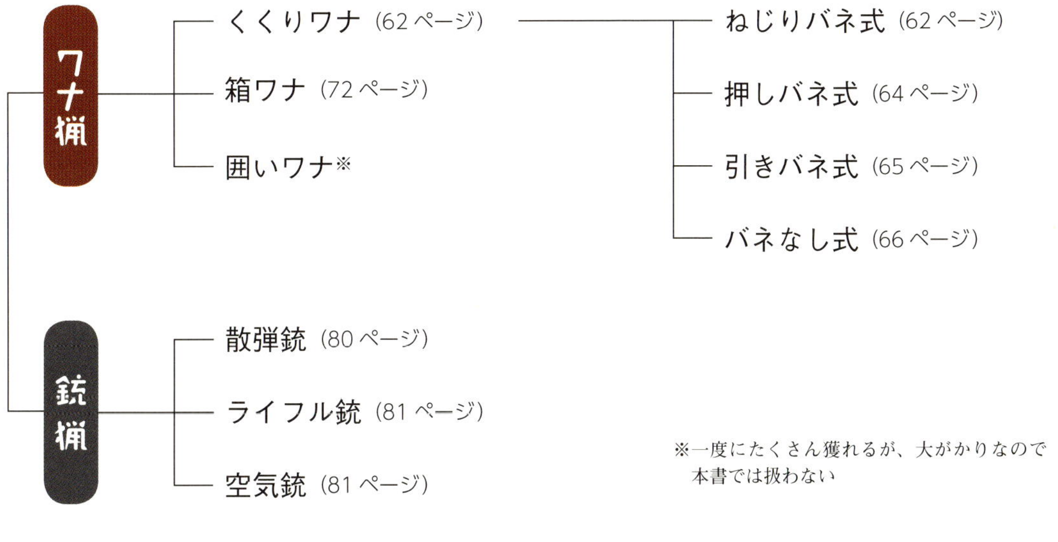

※一度にたくさん獲れるが、大がかりなので
本書では扱わない

くくりワナ編

通り道に仕掛ける待ち伏せタイプ

くくりワナはシカやイノシシの通り道に仕掛ける待ち伏せタイプのワナである。ワイヤー製の輪の中に獲物が足を踏み込むと作動して輪を締め上げてくくるから、くくりワナという。原理は同様でもくくりワナには実にさまざまなタイプがある。多くのメーカーが工夫を凝らしたワナを販売しているので、それぞれの環境や個人的な好みなどを元に判断して選ぶとよいだろう。

ねじりバネ式

構造が簡単で壊れにくい

獲物が輪の中に足を入れるとその輪が締まり、足をくくる。締め上げるための動力にはこのねじりバネを使ったタイプがもっとも多い。設置が比較的簡単で仕掛けられる場所も広範囲で使いやすいタイプである。構造が簡単で壊れにくいのも特長の一つである。

ねじりバネ式くくりワナのしくみ

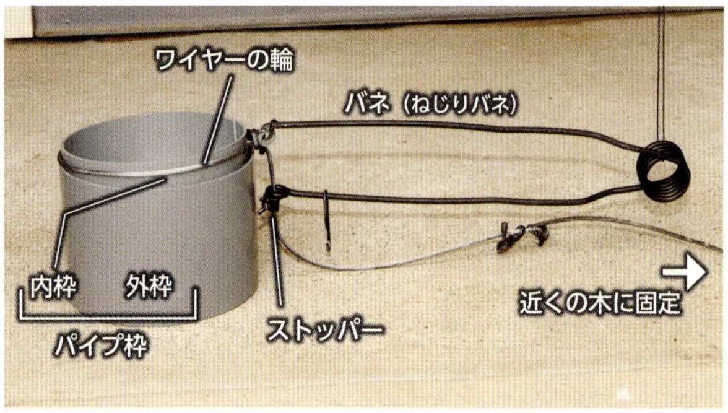

二重構造のパイプ枠の内枠にワイヤーの輪をセットし、バネを縮めてストッパーで固定。ワイヤーの端を近くの木などに固定して使う。販売元は㈲オーエスピー商会（大分市　TEL097-551-2205）

パイプ枠は二重構造になっている

動物が踏み板を踏み込むと…

内枠が沈んでワイヤーの輪が外れ、一瞬でバネが開いて輪が締まり、動物の足を捕らえる

バネはこれくらい大きく開く。設置のときに誤って弾くと危険なので十分注意する

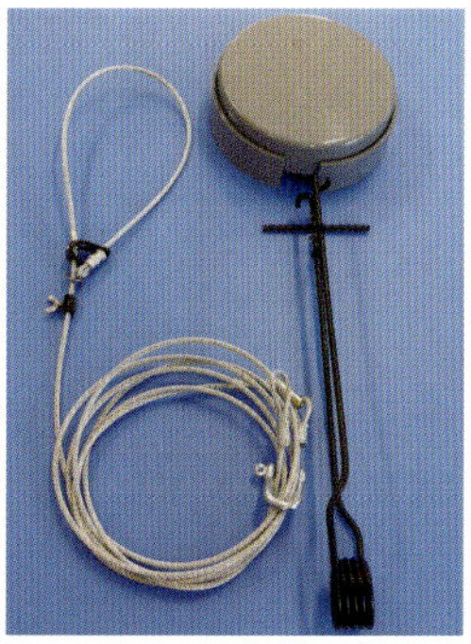

置くだけで、穴を掘らなくてよいくくりワナもある。販売元は㈲ワイヤレス南海（愛媛県西予市 TEL0894-62-4583）

大分の矢野哲郎さんの仕掛け方

見通しのいい獣道に設置

設置するポイントは、見通しのいい獣道。動物が身を隠せず、急いで通るのでワナに気付きにくい

タテ引きに仕掛ける

パイプ枠がすっぽり入るくらいの穴と、脇にバネがタテに置ける分の穴を掘って埋める

前後に棒を置く

パイプ枠とバネを設置したら、獣道上のワナの前後に棒を置く。動物は障害物があると必ずまたぐので、ワナを踏む確率が高まる。ワナを仕掛ける前にねらったポイントに棒を置いてみて、何度かまたがせて足跡の位置を確認してから仕掛けると、さらに捕獲率は上がる

元通りに隠す

ワナの上に落ち葉や掘ったときの草を軽くかけ、できるだけ設置前の状態に近付けるようにして隠す（矢印の場所にワナを仕掛けた）

押しバネ式

軽くて仕掛けやすいが、外れることも

塩ビ製の筒の中にコイル式のバネを押し込むことで動力にするのが押しバネ式くくりワナだ。軽くて設置がしやすいのが特徴だ。その分外れる可能性は高まる。ワナに掛かった獲物が逃げようとして暴れたときにバネがグルグルに絡んで壊れてしまうこともある。

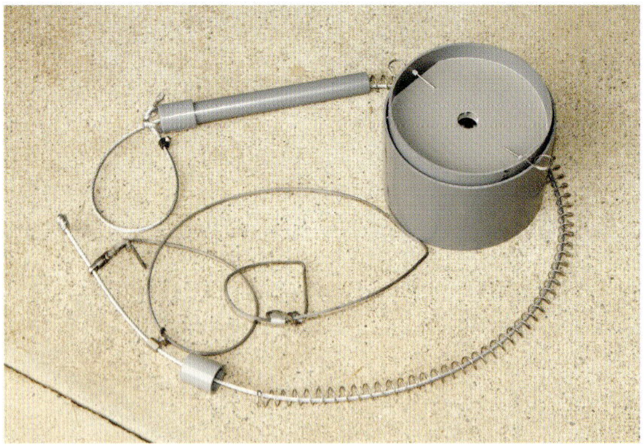

細いパイプの中にバネを押し込んで使う

押しバネ式くくりワナのしくみ

動物が踏み板を踏み込んでワイヤーの輪が外れると、細いパイプの中のバネが一瞬で伸びて輪が縮まる

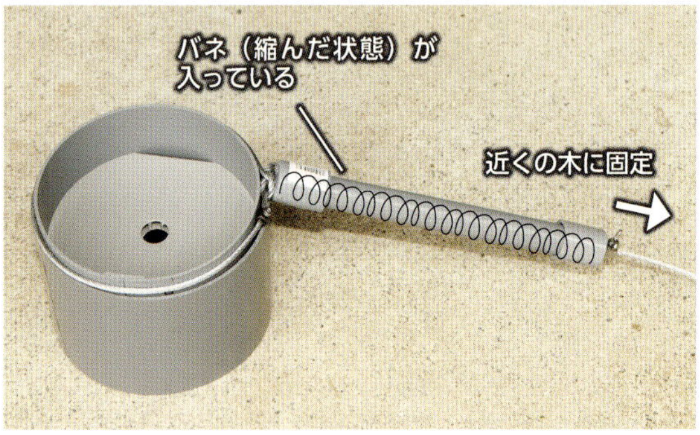

パイプの中にバネが押し込まれ、ワイヤーの輪とつながっている。二重構造のパイプ枠はねじりバネ式と同じ

押しバネ式のくくりワナに掛かったシカ

引きバネ式

ひねた獲物捕りに効果発揮

前述した各種のくくりワナは山の中でも田畑の側でも設置可能である。共通点はどれも踏み込み式のタイプで、獲物が足を穴の中に完全に入れないと作動しない。獲物の中には足先の感覚と反射神経が極めて鋭い個体がいて、このタイプには絶対に掛からない奴もいるのだ。大分の矢野哲郎さんはこれらを“ひねた”と表現する。何度も危ない目に遭いながらもすり抜け成長した大物は捕まえるのが至難の業。そこで捕まえようという人間との知力戦になる。そのときに効果を発揮するのが、この引きバネ式くくりワナなのである。

図 3-2　大分の矢野哲郎さんの引きバネ式くくりワナの仕掛け方

＊『ワナのしくみと仕掛け方』農文協編より

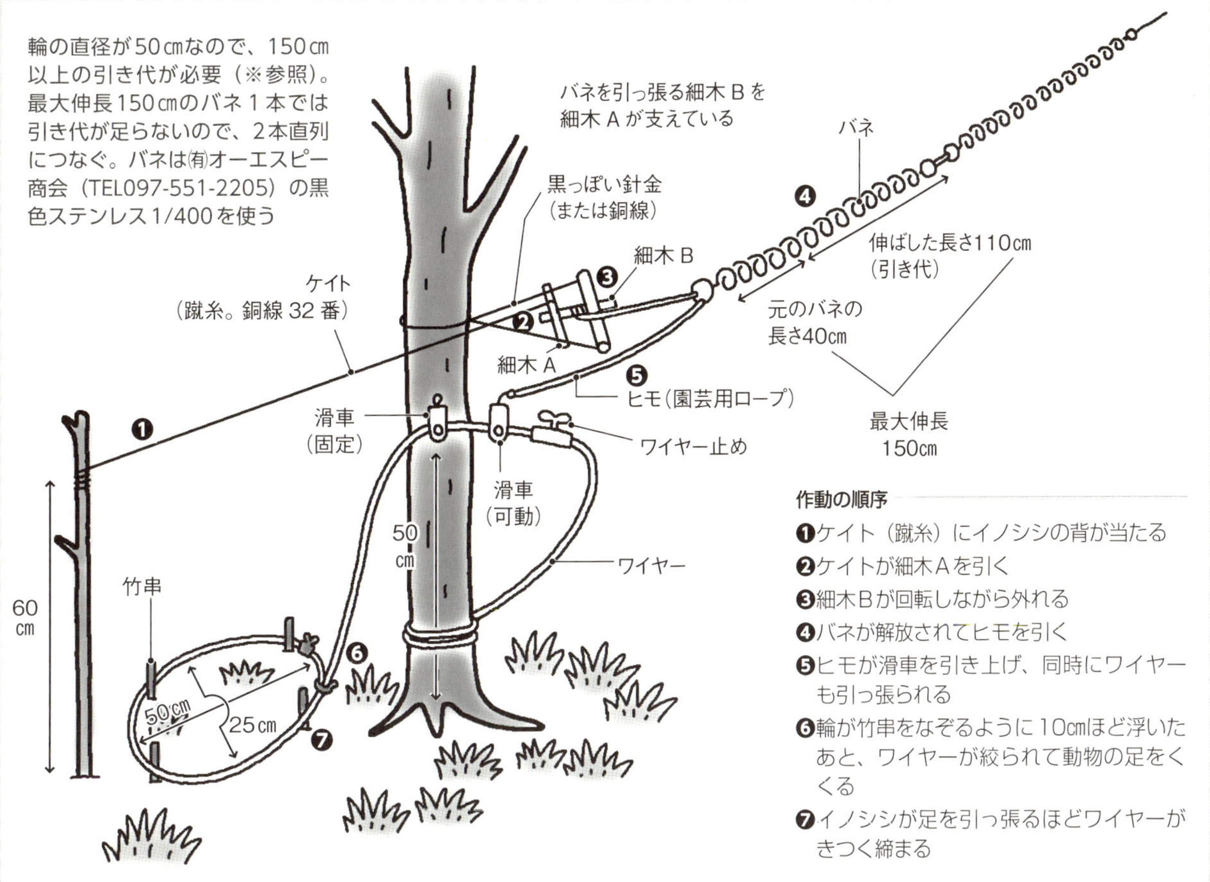

作動の順序

❶ケイト（蹴糸）にイノシシの背が当たる
❷ケイトが細木Ａを引く
❸細木Ｂが回転しながら外れる
❹バネが解放されてヒモを引く
❺ヒモが滑車を引き上げ、同時にワイヤーも引っ張られる
❻輪が竹串をなぞるように10㎝ほど浮いたあと、ワイヤーが絞られて動物の足をくくる
❼イノシシが足を引っ張るほどワイヤーがきつく締まる

※押しバネ式は縮めたバネが伸びる力でワイヤーの輪を絞る。輪を最後まで絞るためには、輪の円周よりも長い伸び代が必要。直径12㎝の輪なら円周は約36㎝、伸び代は50㎝はほしい。
いっぽう引きバネ式は伸ばしたバネが縮む力でワイヤーの輪を絞る。直径12㎝の輪なら必要な引き代は約50㎝。

バネなし式

非力な女性でも設置できる

これは画期的発明である。従来のくくりワナはバネ等の動力を使って輪を締め上げた。バネなしは動物が逃れようとする力のみで締め上げるように工夫が凝らされている。バネを動力源にするタイプのくくりワナは実際にバネを仕掛けるときに腕力がある程度必要なのである。非力な女性では設置できない場合も考えられる。またストッパーが不意にはずれると非常に危険で設置者が大ケガをする恐れもあるのだ。そのようなリスクをほとんどなくしたのがこのバネなし式くくりワナである。

原理は至って簡単だ。穴を掘って設置したワナ本体の上部を獲物が踏み抜く。すると放射状に入ったスリットにすっぽりと足が入り込む。これが意外や簡単には外れない。獲物が逃げようと足を引く力がワイヤーを締め込む動力となるような工夫が施されているのだ。これならバネを押さえ込んで設置する必要はない。お年寄りや力の弱い方でも苦労なく仕掛けることができるだろう。もちろん掛かった獲物の処置は他のワナと何ら変わりはない。

バネなしくくりワナ

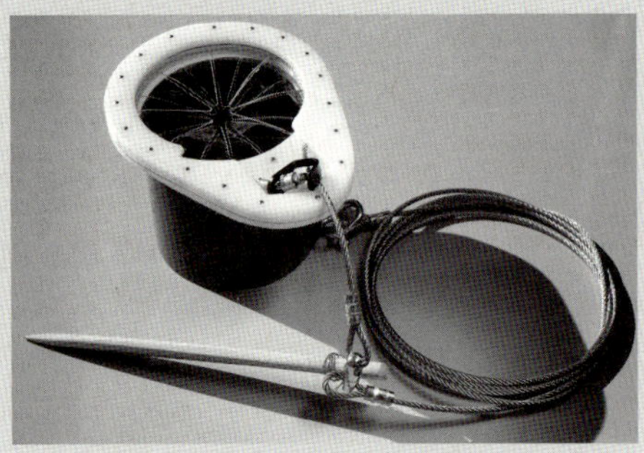

商品名「いのしか御用」。
販売元は高知県森林組合連合会（TEL088-855-7050）

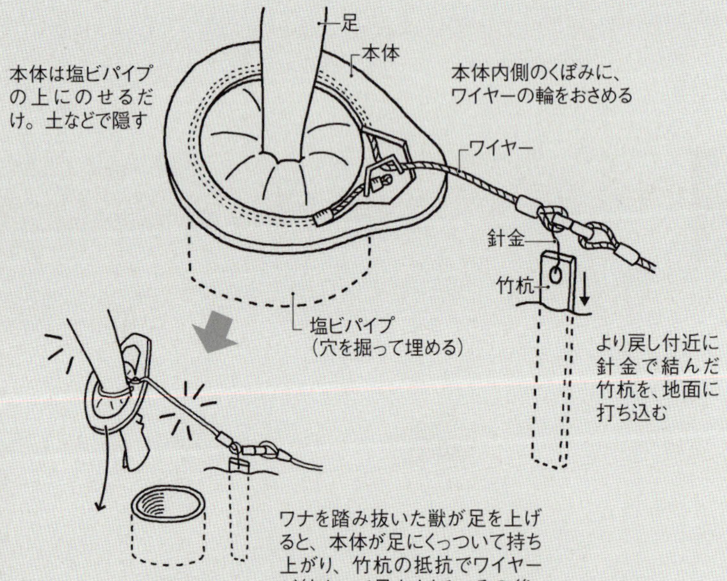
より戻し付近に針金で結んだ竹杭を、地面に打ち込む
ワナを踏み抜いた獣が足を上げると、本体が足にくっついて持ち上がり、竹杭の抵抗でワイヤーが締まって足をくくる。その後、本体は自然に足からはずれる

図3-3　バネなしくくりワナのしくみ

穴を掘って塩ビパイプの部分を埋める

本体は塩ビパイプの上にのせるだけ。土などで隠す

＊『ワナのしくみと仕掛け方』農文協編より

自家製くくりワナ

バネは森の木、仕掛けは竹製

くくりワナを自作する猟師もいる。

東洋のガラパゴスとも称される沖縄県の西表島は実は狩猟が盛んな地域でもある。ここではカマイと呼ばれる琉球イノシシが狩猟の対象。このカマイは大切なパイナップル畑や田圃を荒らす厄介者でもある。と同時に島の大切な食材でもあり、猟師たちはそのすべてを自然の恵みとして享受しているのだ。「鳴き声と蹄以外は全部食べられる」といわれるカマイ。このカマイを獲るために行なわれているのがやはりくくりワナの猟である。島のジャングル地帯が主な猟場で特徴的なのは、ほとんどが自家製のワナを使うことだ。購入しているのはワイヤーやヨリモドシ等の金属部分だけで、バネは森の木、仕掛けは竹製である。そこにあるものを利用する究極の地産地消型といえる。

大分の大久保光紀さんはねじりバネと竹を利用して、高知の長野博光さんは塩ビパイプと落としブタなどを利用して、それぞれくくりワナを手づくりしている（69ページ）。

森の木と竹を使った 西表島の高田見誠さんのくくりワナ

高田見誠さん。木をグイッと仕掛けのほうへ曲げてバネにする

くくりワナ全体の様子。土や葉をかぶせ、ワイヤーなどが見えないように隠す。2本の枝の間に仕掛けがあるが、とても気付かない

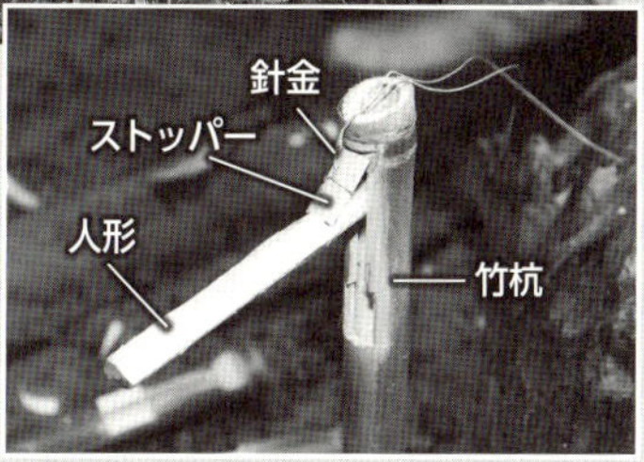

竹製のくくりワナの仕掛け。竹杭と、人形と呼ばれる横木でストッパーを挟んでいる構造

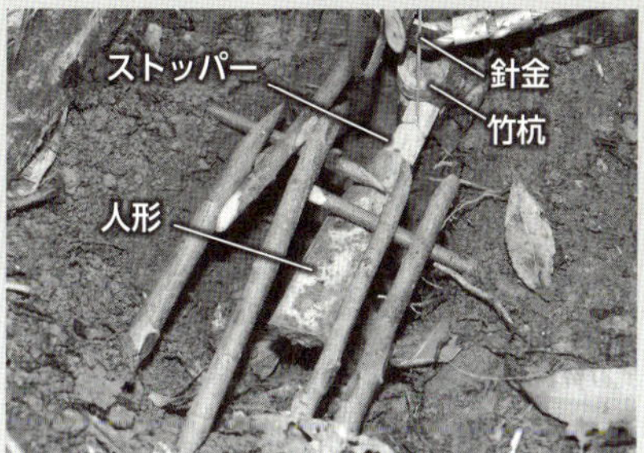

ストッパーを人形で挟み込み、穴を小枝で覆う。ストッパーの針金はワイヤーにつながっている

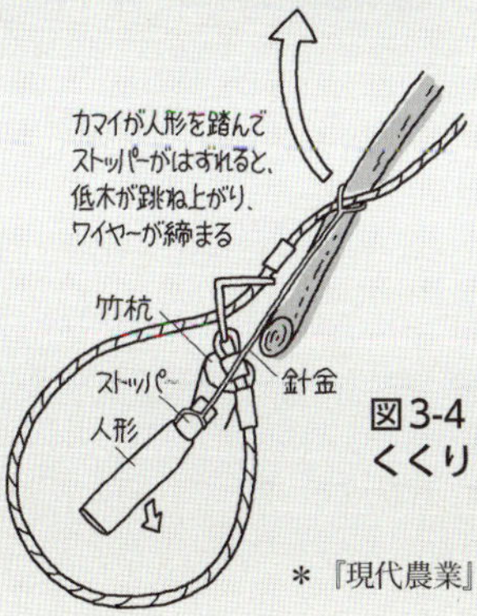

図3-4 西表島式のくくりワナのしくみ

＊『現代農業』2014年8月号より

葉をかぶせ、穴の真上にワイヤーの輪をのせる

西表島式の自家製くくりワナで獲ったカマイ

自家製くくりワナ

ねじりバネと竹を使った大分の大久保光紀さんのくくりワナ

図3-5
大久保光紀さんのくくりワナのしくみ

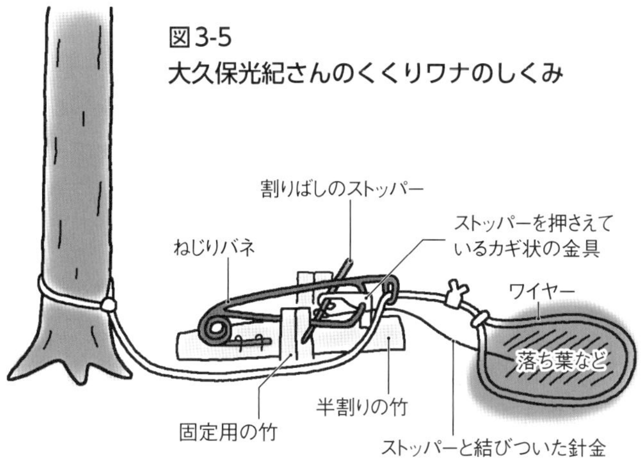

半割りの竹にくくりつけたねじりバネを両脇から竹で挟んで固定しているのが特徴

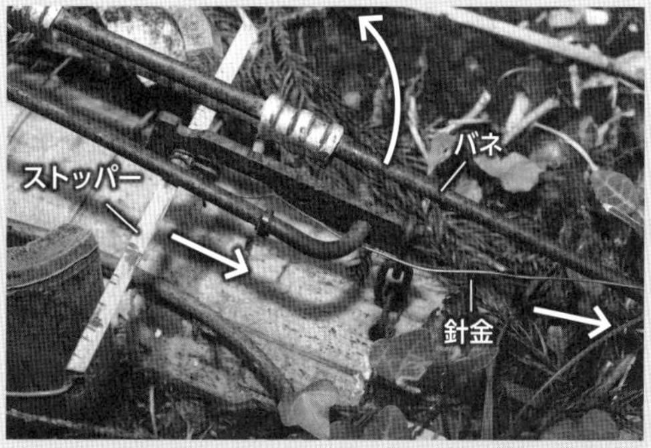

動物がワイヤーの中に足を踏み込むと、針金（蹴糸）が引かれてストッパーが外れ、ねじりバネが開いてワイヤーの輪が締まる

引きバネと塩ビパイプを使った高知の長野博光さんのくくりワナ

塩ビパイプの中に動物が足を踏み込むと、針金（蹴糸）が引かれてチンチロ（高知ではピンピロと呼ぶ）が外れ、バネが縮んでワイヤーの輪が締まる

落としブタの下の針金（蹴糸）

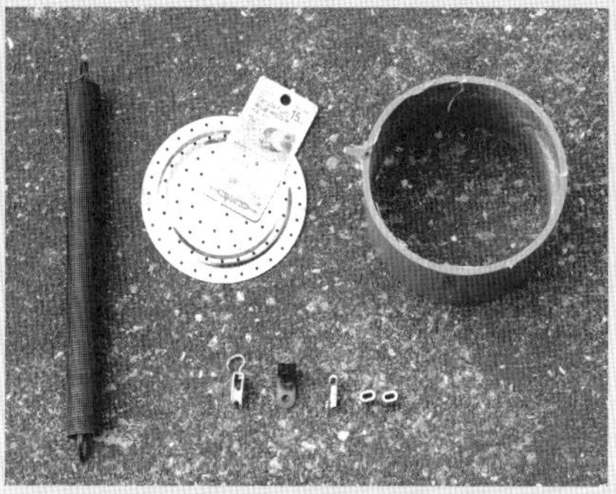

これがワナの材料。踏み板は100円ショップの落としブタ

くくりワナの止め刺し

自分でできればいちばんいい

方式は異なっても最終的にどれも掛かった獲物の止め刺しはする必要がある。銃を持った人に頼むのも一つの手だが、常にそれが可能とは限らない。できれば設置した当人が最後までやり遂げるだけの技量を身に付けるべきではないだろうか。

止め刺しの基本はなるべく手際よくやること。もちろんできるようになるには経験を積んでいくしかない。そういう意味でも他人任せにしないほうがよいのだ。

イノシシの止め刺しの基本

イノシシはシカと違い徹底的に戦う姿勢を示す。まさに猪突猛進である。人がうかつにワイヤーの範囲内に入るのは非常に危険である。またワイヤーの範囲外でも必死になったイノシシの力でワナが壊れて反撃を喰らうこともあるから怖い。ごくまれには足をひきちぎったイノシシに突進されて大ケガを負うこともあるそうで、とにかくシカとは比べものにならないくらいに怖い獲物だと肝に銘ずるべきだ。

高知の長野博光さんの止め刺し

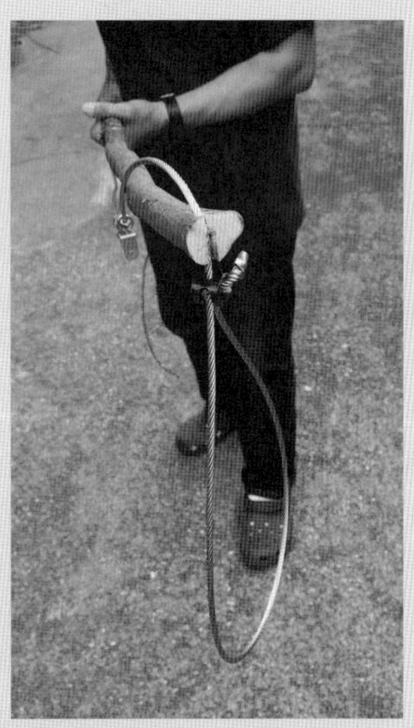

ワナに掛かったイノシシの鼻先にこれを持っていくと威嚇して噛みついてくる。おもむろに引くと牙をワイヤーでくくることができる。足と口が固定され、刃物で刺しやすくなる

大分の矢野哲郎さんの止め刺し

くくりワナに掛かったシカの頭をハンマーで殴る

ハンマー

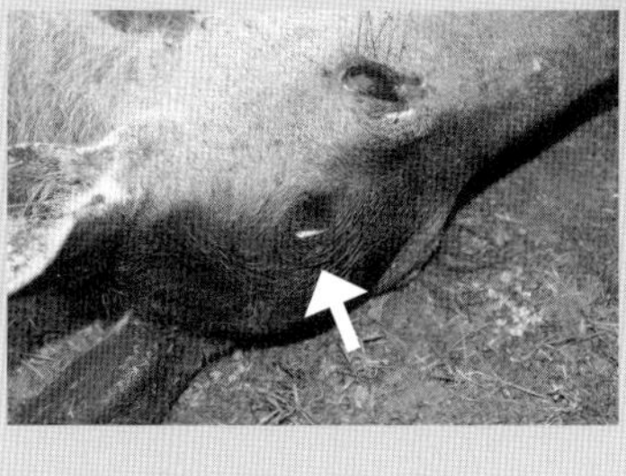

倒れ込んだシカの頭の殴られた痕

まず、くくりワナに掛かったイノシシの後ろ足にワイヤーを引っ掛ける。こうして締め上げて引っ張り、立木などにくくり付ける。イノシシの動きを止めてから慎重に槍状の刃物を差し込んで止め刺しをするのである。これがもっとも基本的な方法である。最近では高電圧の器具を使い感電させて動きを止めるやり方もあるが、これも楽チンというほど簡単ではない。

シカは棒などで殴る

シカはイノシシに比べると危険性は少ない。しかし角を持った大物の雄は力も強く侮れない。接近戦はやはり要注意だ。

もっとも単純なやり方は殴ることだろう。ある程度の重さがある棒状のものでシカの頸部（首）を殴りつける。こうすることでシカは昏倒するが、死んだわけではない。気を失っている状態なのだ。その状態で刃物を使い、止め刺しと同時に血抜きをする。

少し高等技術を要するのがハンマーを使う止め刺し法だ。大分県の矢野哲郎さんのところで見せていただいたのだが、慎重に獲物に近づき、頃合いを計って額上部にガツンと一撃を喰らわす。この方法は60kg程度のイノシシにも効果はあるそうだが、そこまでイノシシに接近するのはかなり怖い。

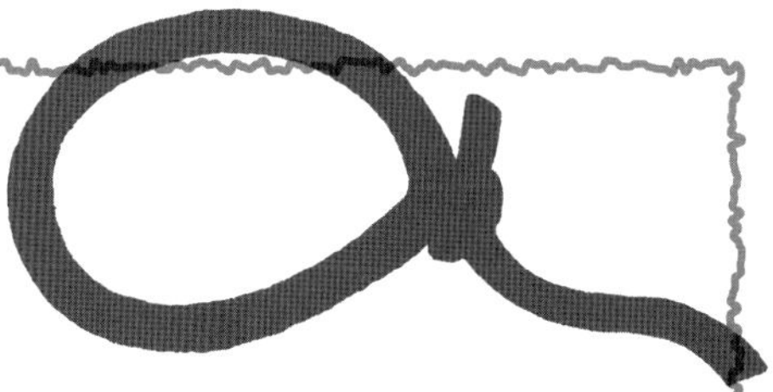

くくりワナの設置数は多いほどよい？

既製品のくくりワナは4000円台から2万円以上するものまでさまざまである。設置がラクでいかに取り逃がさないかに各メーカーが工夫を凝らした商品は、どれも値段相応の価値があるだろう。

ワナ猟の基本は観察だ。いったい獲物はどこを通って田畑に進入してくるのか。その通り道に確実に仕掛けることが絶対条件である。田畑直前で捕まえるのかその前段階の山から出てくるところで捕まえるのかでも考え方は変わる。穴を掘るタイプが設置しにくい場所もあり、また引きバネが使えない場所もある。適当にワナを購入してから考えるのではなく、まずはよくフィールドを観察してどのタイプのワナが設置可能かを検討したほうがムダがないだろう。

次に設置数の問題だ。単純に確率論でいうと数多く設置したほうが掛かる率は当然高まる。しかし仮に1組1万円のワナを法定限度数の30個仕掛けたら30万円の初期投資が必要なのだ。さらにワナの部品には壊れたり消耗品扱いのパーツもあるので、このメンテナンス費用も数に比例して当然増えるのである。たくさん獲るにはそれなりの出費を覚悟しなければならない。

前述の西表島式はワナ一組あたりに数百円しかかからない。そこで猟師は限度数めいっぱいにワナを仕掛けることが可能だ。ただしそれはワナの見回りに相当の手間がかかるわけで、かなり大変な作業であることに違いない。

ワナの設置数は自分の生活パターンを考えたうえで決まるといえるだろう。可能な初期投資費用、そしてワナの見回り時間をどれだけ取れるのかを検討して準備をしたい。

箱ワナ編

くくりワナは積極的タイプ、箱ワナは我慢型タイプ

山の中の狭い獣道でも仕掛けられるくくりワナと違って箱ワナは、設置や移動にもかなり手間がかかる。またくくりワナが獲物の通る場所を探して捕まえる積極的タイプとすれば、箱ワナは地道におびき寄せる我慢型タイプといえるかもしれない。

箱ワナ

エサでおびき寄せて一網打尽

箱ワナは簡単にいうと大きなネズミ取りだと思えばよい。箱ワナの中にエサを置いておびき寄せ、獲物が中に入り、ストッパーを外す仕掛けに触れることで戸がガシャンと閉まるのだ。このストッパーを外す仕掛けには、踏み板タイプと蹴糸（ケイト）タイプがある。踏み板は箱ワナの中程に置かれ、この上に乗ることでストッパーが外れる。蹴糸はくくりワナでも使われたように獲物が一定以上の力で触れた場合に作動するしくみだ。

踏み板式の場合は作動する重さの範囲を設定することでウリボウのみでは作動しないようにコントロールができる。蹴糸も設置する高さを変えることで大物ねらいができるしくみだ。こうして警戒心が薄いウリボウが数匹入り、それにつられて親イノシシが入る場合がよくある。多いと６頭も一度に掛かることがある。２頭以上獲れることは決して珍しくない。このように一族郎党が一網打尽で捕まるのが箱ワナ最大の特徴なのだ。最近では踏み板や蹴糸の代わりにセンサーを使うタイプの商品も発売されている。

大分の大久保光紀さんの箱ワナ

小さな箱ワナを軽トラで運び込み、一人で設置する。箱ワナは山から田畑に下りる手前のところに置くのがコツ。田畑からは見えず、イノシシが身を隠せる場所

※市販の箱ワナは、有限会社社栄工業（新潟県燕市 TEL0256-46-0484）などで入手できる

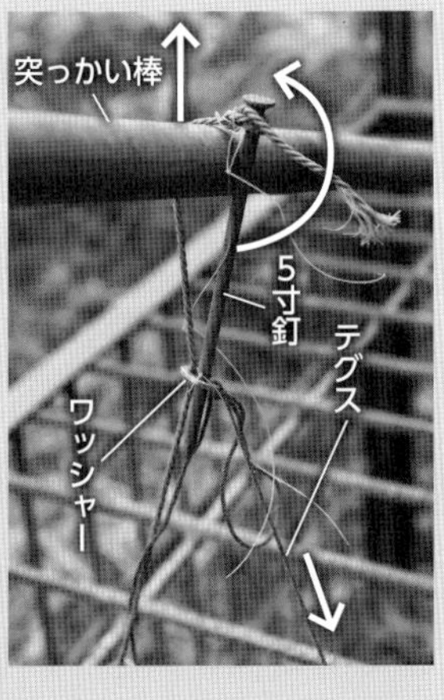

イノシシがテグス（蹴糸）に触れるとワッシャーが引かれて５寸釘が外れ、突っかい棒が落ちて扉が下りる

捕獲したイノシシ。イノシシは炭（矢印）が好物だそうで、エサの米ヌカに炭を混ぜると寄ってきやすくなる

愛知の成瀬勇夫さんの箱ワナ

成瀬さんの両扉式の箱ワナ。設置してあった場所は農家のすぐ裏の山。近場で管理がしやすいことも大事

成瀬さんが箱ワナを置く場所は「イノシシがよく通る場所の近くで、イノシシが安心できる場所」。それはたとえば藪や木があってイノシシが隠れやすいところ。さらに、足場が悪いとイノシシは近づきにくいので、乾いた固いところがいい——という

図3-6　成瀬勇夫さんの箱ワナの仕掛け

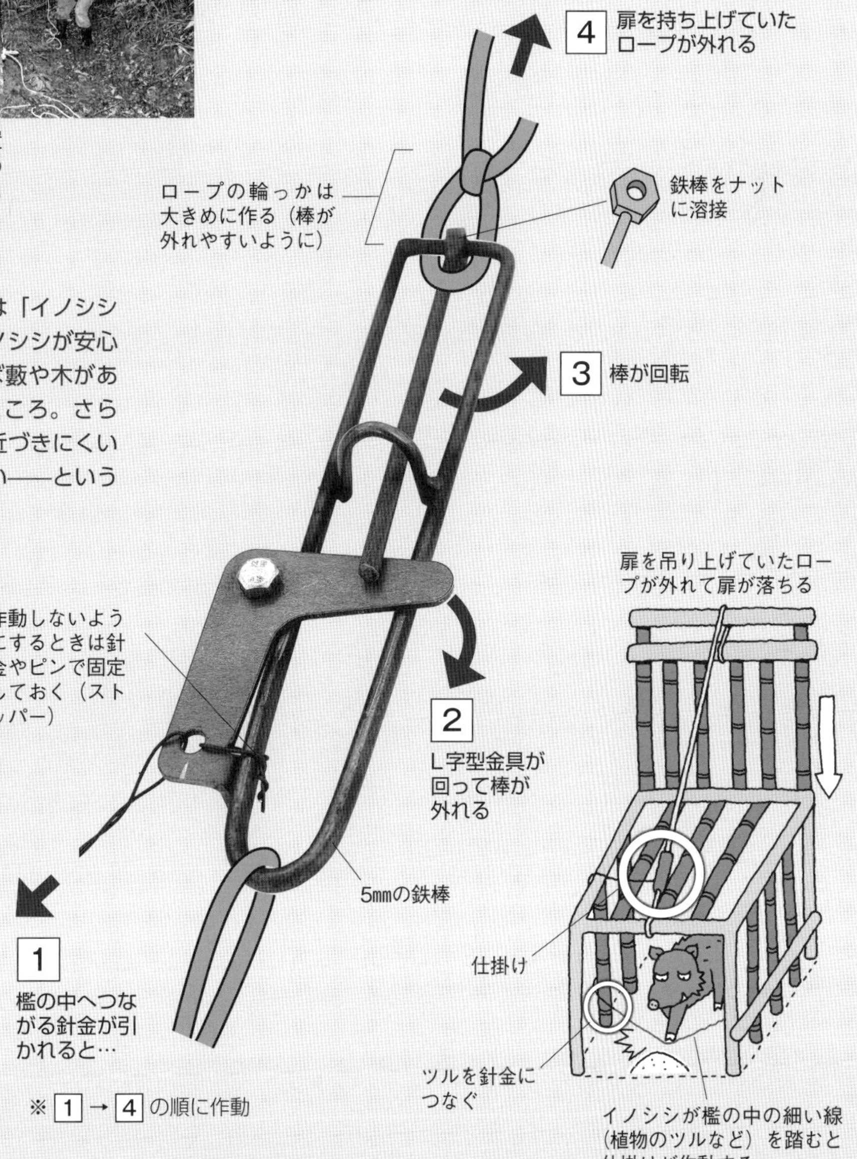

4 扉を持ち上げていたロープが外れる
ロープの輪っかは大きめに作る（棒が外れやすいように）
鉄棒をナットに溶接
3 棒が回転
作動しないようにするときは針金やピンで固定しておく（ストッパー）
2 L字型金具が回って棒が外れる
5㎜の鉄棒
1 檻の中へつながる針金が引かれると…
※ 1 → 4 の順に作動
扉を吊り上げていたロープが外れて扉が落ちる
仕掛け
ツルを針金につなぐ
イノシシが檻の中の細い線（植物のツルなど）を踏むと仕掛けが作動する

＊『現代農業』2011年3月号より

成瀬勇夫さんのエサやり方法

箱ワナ
米ヌカ

三差路の尾根道に米ヌカが置いてある。この箱ワナは竹製（次ページ参照）で、藪の中に設置してあった

図3-7
イノシシを檻へとおびき寄せる方法

エサは米ヌカや小米（規格外の玄米）を使う。米ヌカは雨で流されやすいので、雨の多い時期は小米にする。警戒心をやわらげるため、エサやりや見回りは、決まった人が一人で行なうほうがいいとのこと

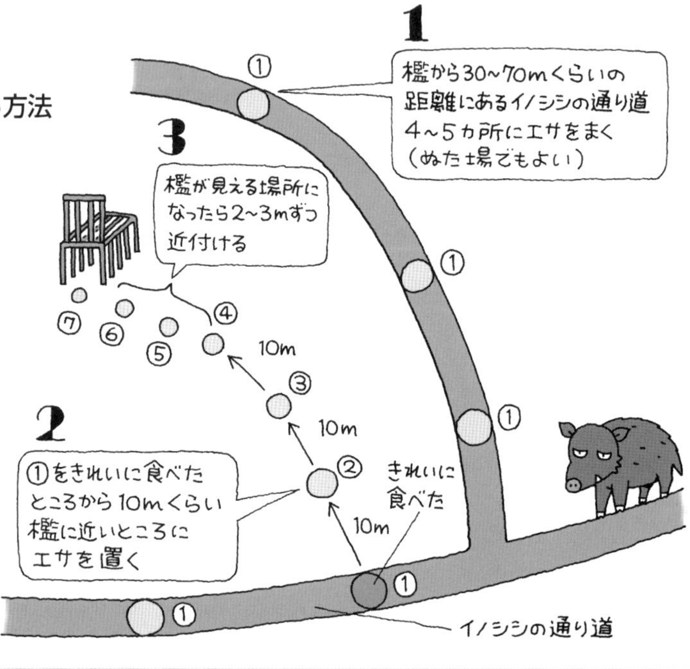
1
檻から30~70mくらいの距離にあるイノシシの通り道4~5カ所にエサをまく（ぬた場でもよい）
2
①をきれいに食べたところから10mくらい檻に近いところにエサを置く
3
檻が見える場所になったら2~3mずつ近付ける
きれいに食べた
10m
10m
10m
イノシシの通り道

＊『現代農業』2011年3月号より

手作りの箱ワナ

厄介者の竹を利用

箱ワナもくくりワナ同様にメーカーから購入可能な製品である。型式はくくりワナと違い基本構造はほぼ同一である。価格は10万円前後が一般的だ。構造が決まっているために鉄工所や工場に製作を依頼することも可能であるが、それなりのお値段にはなるだろう。

愛知県岡崎市の成瀬勇夫さんはどこにでもある竹で箱ワナづくりを思いついた。竹は今や各地で猛威を振るう厄介者だ。その厄介者を使って同じく厄介者のイノシシが獲れれば、それこそ一石二鳥ではないか。また竹で箱ワナを自作すれば費用は何と1万円程度ですむ。これはまさに一石三鳥！

成瀬勇夫さんの竹製の箱ワナ

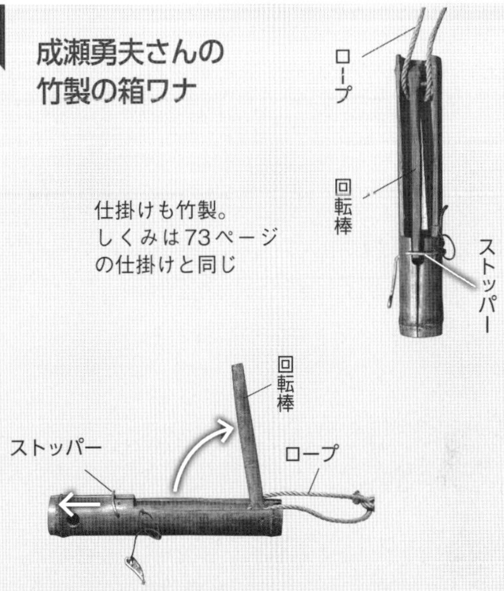

イノシシが針金を踏むと、ストッパーが外れて回転棒が跳ね上がり、ロープとつながった扉が下りる

成瀬さんの竹製箱ワナ。幅1.2ｍで奥行きが1.9ｍ、高さは1.3ｍ。ここにはウリボウが２頭かかっていた。成瀬さんの竹製箱ワナの詳細は岡崎市のホームページを参照
http://www.city.okazaki.aichi.jp/1400/1404/1414/p003258.html

箱ワナの止め刺し

小さな檻に移す

くくりワナにはシカもイノシシも掛かる。箱ワナは基本的にイノシシねらいのワナであるが、ごくまれに何を血迷ったのかシカが入る場合もある。

箱ワナの止め刺しの注意点は、獲物が箱の中では自由であることだ。精いっぱい後ずさりして突進してくる。その度にガシャンガシャンと箱ワナが激しく揺らぐ。華奢な作りの箱ワナが壊れることもあるほどの凄い力は、うかつに手が出せない。

そこでその動きを止めるために一回り小さな檻に入れる方法がある。ドッキングさせた箱ワナから檻にイノシシを追い出す。狭い檻の中では動きようがなく、そのまま槍状の刃物を使い、止め刺しをするのである。

ロープなどで足を固定する

ロープやワイヤーを使った固定方法もある。これはロープやワイヤーの先を輪っかにして天井部分から中に入れる。動き回るイノシシのタイミングを見計らい、なるべく前足で踏んだ瞬間に引き上げる。こうして引き上げるとバンザイ状態で動けなくなり、そこで止め刺しをする。もちろん後ろ足を固定しても止め刺しは可能であるが、作業がラクなのはやはり前足固定だ。

止め刺し技術を身に付けよう

止め刺しは獲物ともっとも接近する瞬間である。銃猟での事故は銃器が関係する場合が多く、それで危険だと認識されている。しかし銃器を使わないからといってそれがワナ猟の安全性を証明しているわけではない。必死の獣とわずか数十cmの距離まで近づくわけで、荒い鼻息や見開いた目と向き合うのである。一撃で猟犬を殺せるほどの牙と力を持った雄イノシシを仕留めるのは大変危険な行為なのだ。慣れないうちはやはりベテランとともに行動して、その技術を身に付けるほうが賢い選択だろう。

とはいえ、いきなりワナ猟師のところに行って「獲り方を教えてくれ」などというのは論外である。

最近、猟を始めた若者たちが寄ってたかってイノシシをシャベルでめった打ちにした事例を聞いたことがある。必要以上に獲物を苦しませる行為はいたぶりである。命を奪う行為だからこそ、真摯な態度で向き合ってほしい。

兵庫の吉井あゆみさんたちの止め刺し

捕獲した箱ワナに小さな檻をくっつけてイノシシを移す。小さい檻で身動きがとれないので刺しやすい

成瀬勇夫さんの止め刺し

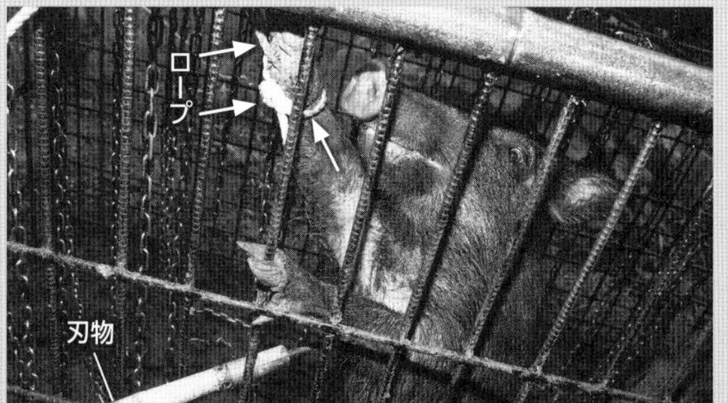

輪を作ったロープを檻の上から垂らし、前足で輪を踏んだところで引っ張り上げて固定。バンザイ状態になったところで胸を刃物で突く

イノシシの解体

成瀬勇夫さんの解体

ふつうは現地で腹抜きし、川にさらして肉を冷やしてから解体するが、イノシシを簡単に運び込めるような川が近くにないので、成瀬さんは作業小屋に持ってきてから腹を抜く

腹抜き用の作業台。傾斜があるので洗い流すのがラク

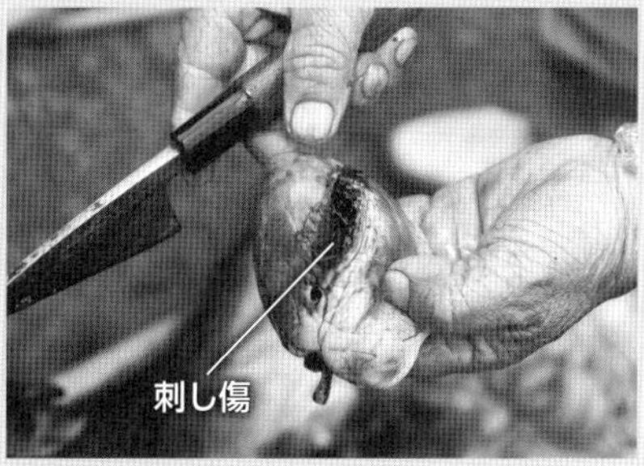

心臓に刺し傷。刃物が見事に命中している

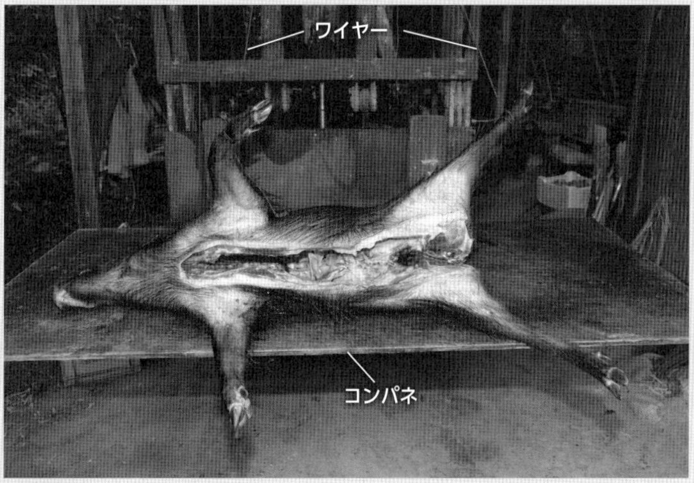

フォークリフトにコンパネをのせ、イノシシをのせてワイヤーでくくる。仕事がしやすい高さで作業できる

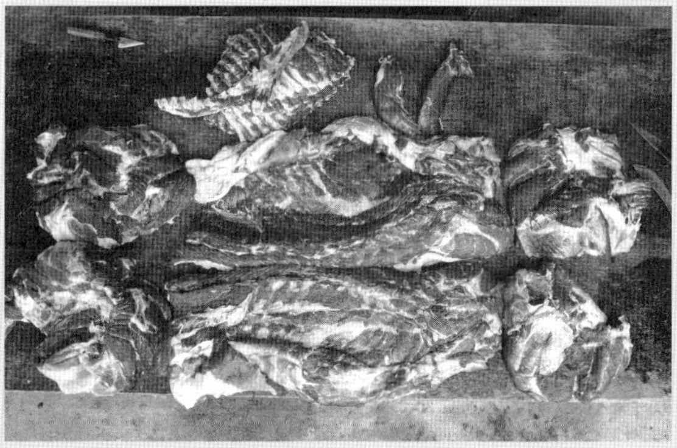

部位ごとに分けたイノシシの肉

銃猟

厳しい法的規制

一般に狩猟といって誰もが思い浮かべるのは、やはり銃を使ったものだろう。鳥や獣を銃で撃って仕留めるやり方だ。銃の所持に関しては法的規制が特に厳しい。これは銃器を使った犯罪が起こるたびに厳しくなってきた歴史がある。基本的に日本が安全なのは、この厳しい法規制のおかげだと認識されているのだ。

銃に関して以前はおおらかというか、いい加減ともいうか、とにかくずさんな管理が珍しくなかった。弾の貸し借りどころか銃器そのものの貸し借りは当たり前。ガンロッカーなどもなく、玄関に無造作に置かれた家もあったのだ。家の前の畑に獲物が出たとなるとその銃を玄関先からぶっ放したのである。西部劇じゃあるまいし、今考えるとそら恐ろしい話である。

しのびと巻き狩り

銃を使った猟には2種類ある。一人で獲物を追うやり方と複数人で追うやり方だ。前者を俗に“しのび”といい、まさに忍者のごとく抜き足差し足で獲物に近づき仕留める単独猟である。後者は“巻き狩り”といわれ、山の広範囲に存在する獲物をねらうやり方だ。山の斜面を下から上へと獲物を追い上げ（この役目を勢子《せこ》という）、それを待ちかまえる撃ち手が仕留めるのが上り巻き、逆に上から下へと追うのが下り巻きという。

マタギのクマ狩りの場合はブッパと呼ばれる撃ち手が稜線付近で待ち構えるのが基本である。これに対してシカやイノシシの巻き狩りは犬を入れて獲物を追う場合がほとんどで、勢子はハンドラーの役目を果たす。山の中を獲物を追って縦横に駆け巡り、どこに出てくるかはわからない。斜面の途中や沢の横とさまざまな場所に配置された撃ち手は、遠くから聞こえる犬の鳴き声や無線のやりとりを元に獲物の動きを判断するのだ。獲物がはるか彼方に行ってしまえば自分の役割はその時点で終了である。または発砲音が山々にこだまし獲物が獲れればその巻きは終了。獲れなければ再び集合して次の巻きの準備をする。こうして普通は1日に3回程度の巻き狩りを行なう。

大事な見切り

巻き狩りでもっとも大事なことは猟の前に始まる。それは“見切り”と呼ばれる作業で、あらかじめ獲物がどこら辺りにいるのかを確認することである。前日もしくは当日の早朝に獲物の足跡を調べてからその動きを察知するのだ。この“見切り”により山と獲物の状況を判断して撃ち手の配置や勢子の投入場所を決める。実に大事な作業で、猟に精通した人の卓越した判断力が必要となる。

地域や人によってスタイルはさまざま

巻き狩りは当然集団猟である。獲れた獲物は参加者全員で均等に分けるのが決まりである。小さな子ジカ１頭ならわずかな肉が、大物６頭ならたくさんの肉が手に入るのだ。このような集団猟は仲間意識が重要になる。同じ目的で動き、獲れた獲物を肴に酒を酌み交わす。このようなクラブ活動的な集まりがこの猟の魅力でもある。

もちろん集団に属さず犬とともに獲物を追うこともできる。実際には宮崎県の椎葉村のように単独猟が主の地域もある。また山梨の望月秀樹さんのように犬も使わずに文字通り一人だけで山に入って獲物を追う求道者的スタイルで猟をする人もいる。どのような猟を行なうかは周りの状況や個々人の性格などで変わってくるだろう。

銃器の種類

日本で所持が禁止されている銃器は拳銃や機関銃等の類で、散弾銃やライフル銃は持つことが可能だ。これらを装薬銃という。つまり火薬を使って弾を発射するしくみの銃という意味だ。もう一つの銃が空気銃で、これは圧縮された空気の力で弾を発射するのである。この装薬銃を所持するには第一種狩猟免許、空気銃を所持するには第二種狩猟免許が

石川県の安本日奈子さんはベテランハンターが使うライフル銃はあえて持たず、散弾銃でイノシシやクマを撃つ

それぞれ必要になる。

銃を手にするには後述するような手続きの後に、銃砲店等から購入するのが普通である。現在は狩猟者の高齢化にともない、手持ちの銃を放棄する人が増えており、このような中古銃を個人間譲渡あるいは間に銃砲店が入って売買契約を行なう例が増えている。

散弾銃

銃猟スタートはここから

銃猟を始めた猟師が最初に持つことが多いのが散弾銃である。

大分の廣畑栄次さんと美加さんも、それぞれ栄次さんが平成20年に、美加さんが２年後の平成22年に銃の免許を取り、散弾銃と空気銃を持った。

「銃猟の免許を取ろうと思った理由は犬なんですよ」

美加さんは大の動物好き。犬は美加さんが撃った獲物を捜して持ってきてくれる。犬と獲物の喜びを分かち合いたくて銃猟を始めたのである。

散弾銃は一つの薬莢の中に小さな弾が複数入っている。空に舞い上がる鳥を撃つためには小さな弾が多く入ったもの（数十〜数百粒）が、シカやイノシシ用には大きめの弾が入ったもの（６〜９粒）が使われている。ほかにも、正確にいうと散弾とはいえないが、強力なスラッグ弾（一発弾）も使用可能である。

筒先内の絞り（チョーク）の形状によって弾の広がり方が変わり、何をねらうのかその目的で選択する。単純にいうと、先端が狭まれば散弾はより遠くまでまとまった形で飛散する。逆に絞らなければ近距離で散弾が広がるのである。

長身の廣畑美加さん、散弾銃を持つ姿がサマになる

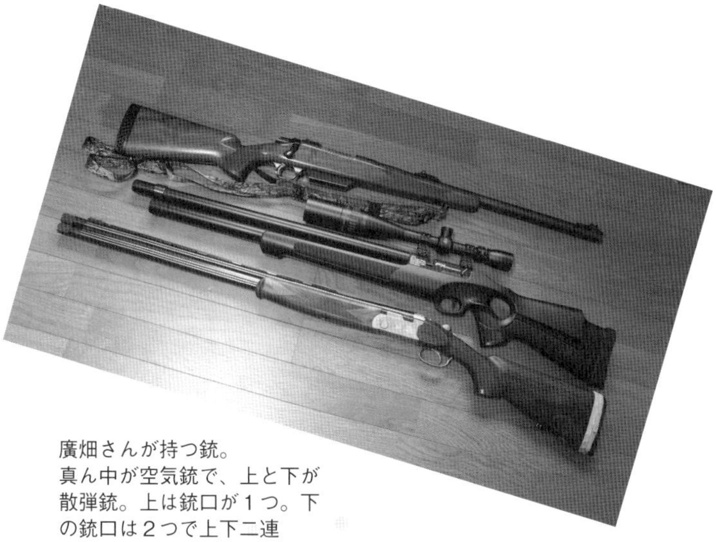

廣畑さんが持つ銃。
真ん中が空気銃で、上と下が散弾銃。上は銃口が１つ。下の銃口は２つで上下二連

ライフル銃

ベテランハンターのステータスシンボル

ライフル銃は到達飛距離が格段に長く、殺傷能力も高い。そのため手にするには散弾銃所持期間が10年以上無事故無違反で経過することが条件である。これによりライフル銃所持はベテランハンターの証と見なされ、ステータスシンボルにもなっている。

しかし必ずしもライフル銃が猟に有用であるかは意見が分かれるところだ。北海道の原野ではるか遠くのエゾシカを撃つなら間違いなく有効であるが、目の前の藪から出てくるイノシシに必要かといわれると考えざるを得ない。実際に石川の安本日奈子さんのように、ベテランでもライフルを所持せずに散弾銃で多くの獲物を手に入れている人も珍しくないのである。

「どこまで飛ぶかわからないライフルはおっかなくて使いたくない」とは、安本さんのセリフである。

2㎞も先まで飛んで家の壁をぶち抜く事故もときどき起こるから、非常に怖い銃器ではある。

空気銃

ヘタな装薬銃より殺傷能力が高い

空気銃は装薬銃と違って圧搾空気を使うので危険性は低いと見なされる。しかし自転車の空気入れと同じような器具を使って空気を充填するタイプでも決して威力は弱くはない。ダイビングショップ等で高圧空気を充填するタイプでは条件次第でイノシシさえ倒すことが可能なほどの威力がある。玩具のエアガンでもかなりの痛手をこうむる。銃刀法で定められた銃器であるから、当然殺傷能力が高いのだ。空気銃であっても決して侮れない存在である。

ライフル銃を構える兵庫県のベテランハンター吉井あゆみさん

銃器一覧

銃器も新品と中古が流通している。銃砲店では主に新品を扱っているが、中古銃の委託販売等を行なっている店舗もある。また個人間での譲渡も手続きをきちんとすれば問題はない。知り合った猟仲間を通して格安または無償で手に入れる場合も珍しくない。当然ながら所持の許可、それにともなう経費はそれぞれの銃ごとに必要である。

ベレッタ

1526年創業の世界最古の銃器メーカー。軍用銃やピストル、競技用と幅広い銃器を製造している。価格帯は20万円前後から50万円程度。

ペラッツィ

創業は1957年と比較的新しいが、その堅牢性と精密性に格段の信頼を置く人は多い。オリンピックの射撃競技では上位入賞者によく使われ、銃のフェラーリと賞賛するファンが多数いる。価格帯は100万～200万円。

ブローニング

世界で最初に機関銃を開発したジョン・ブローニングがおこしたメーカー。数多くの自動銃を開発したことで知られる。価格帯は10万～20万円。

レミントン

アメリカ最古の民間銃器メーカー。アメリカでは狩猟用銃器のトップクラスである。価格帯は8万円程度からと、比較的手に入れやすい。

ベネリ

車とオートバイ関係からスタートしたという企業。現在はバイク部門が別会社になっている。アメリカの警察や各国で軍用として採用されているタイプが、日本国内でも狩猟用として注目されている。価格帯は20万円程度。

ミロク

高知県に本社を置く国産銃器メーカー。1893年、土佐藩の鉄砲鍛冶を先祖とする弥勒蔵次が創業した老舗である。高知県らしくクジラ猟用の捕鯨砲を造っていたこともある。ブローニングやウィンチェスター等のＯＥＭ生産を行ない、そのほとんどが輸出されている。価格帯は20万～30万円台。

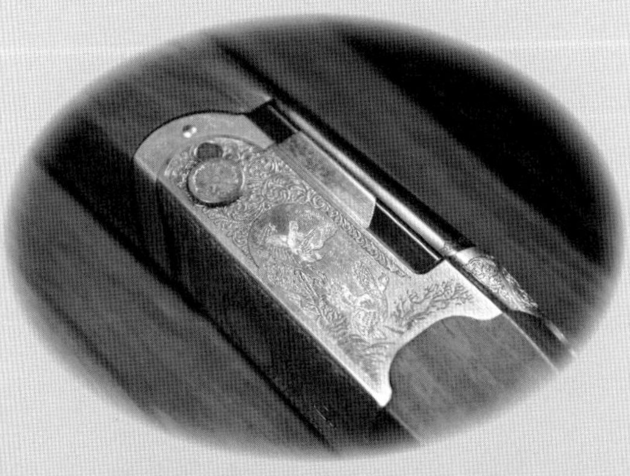

散弾銃の中折れ部分に施された装飾

狩猟を行なうための資格

狩猟を行なうには当然資格が必要となる。それが狩猟免許だ。ワナ猟と銃猟ではそれぞれ違う免許が必要である。銃猟免許はさらに装薬銃と空気銃の免許（第一種、第二種）に分かれている。より遠距離の射撃が可能で殺傷能力の高いライフル銃は、散弾銃を10年間無事故無違反で所持したのちに手にすることが可能となる。

猟銃の所持許可は居住する自治体の警察署が所轄官庁となる。猟銃の所持に関しては厳しい制限があるので担当部所と綿密なやりとりを行なう必要がある。狩猟免許の取得自体は各都道府県の担当部署で行なう。

散弾銃を構える長野県の渡辺亜子さん

ワナ猟 免許を取得するための簡単な流れ

講習会に参加する
↓
狩猟免許試験の申し込みをする
↓
狩猟免許試験を受ける
↓
狩猟免許を取得する
↓
狩猟者登録の申請をする

銃猟 免許を取得するための簡単な流れ

猟銃所持の許可を所轄署で取得する
↓
医師の診断書を得る
（精神疾患等の対象者ではないことの証明）
↓
居住する各都道府県に申請書類を提出して手数料を納付する
↓
銃器を入手する
↓
各免許の種類に応じた学科、実技の試験を受ける

●身体的適性検査としては

視力：網、ワナで0.5以上。第一種、第二種で0.7以上
聴力：10ｍの距離で90ホンの警告音が聴こえる聴力
運動能力：狩猟を安全に行なえる能力があること
等の決まりがある。これらの条件をクリアし、免許を取得後、初めてシカやイノシシを追うことができるのである。

＊くわしくは地元猟友会、警察署、役所に問い合わせて必要な情報を収集することをおすすめする。また狩猟には「鳥獣保護法」「銃刀法」「火薬類取締法」等の法律が密接に関係する。それ以外にも「地方税法」や「電波法」が絡む場合があるので注意する必要がある。いうまでもなく法令遵守は大前提だ。

楽しいぜ!
狩猟アイテムの世界編

狩猟に必要なものは何か？　当然、銃猟には銃が、ワナ猟にはワナが必要となる。しかしそれだけで猟はできないのである。実際に狩猟の現場では多くの狩猟用具がある。専門性の高い既製品もあればどこにでも売っている汎用性の高いもの、または猟師が作った現場ならではのアイデア品まで。猟師たちに欠かせない狩猟アイテムを紹介する。

ナイフ

穴掘りから腹抜き、切り分けまで

自然の中での作業に刃物は欠かせない大切な道具である。農業、林業、漁業、自然相手の仕事には必須のアイテムだ。当然狩猟も刃物なしでは話にならない。

まず山の中に入る場合、鉈系などの大型刃物があると、枝を払ったり身を隠すためのカムフラージュを作ったりと重宝する。ワナを仕掛けるときには草木や根を切るだけではなく、穴を掘ったりと、かなりハードな使用にも耐えられるから大型ナイフは心強い。

獲物が獲れてまず最初にやるのが腹抜きだ。大きな刃物でもこの作業はさほど問題はない。そのあとの細

高知の長野博光さんの各種ナイフ

山の木にナイフを入れる長野さん。
ナイフを集めるのも好きである

ふだんの解体に
使うナイフ

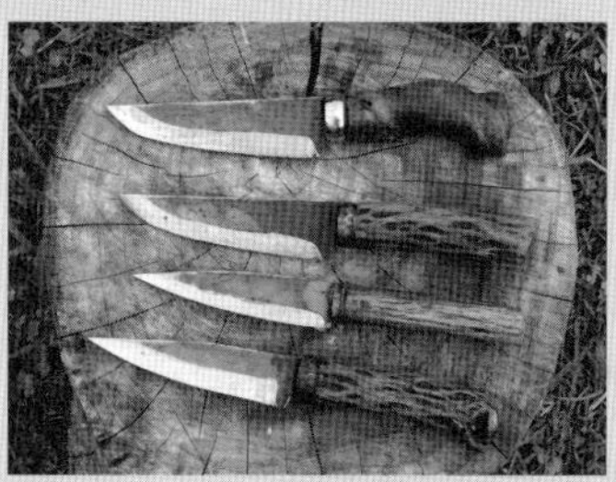

ハンドルはすべて
自作

アールのついた上から３番目が肉切り
用。フックのついた最下段は皮剥ぎ用

かな解体作業には手に馴染む大きさのほうが作業はしやすい。四肢の骨を外すのは、関節のスジを切れば簡単に外れるから小さな刃物でも問題はないだろう。ただ背骨や骨盤などは手斧かノコギリがあれば便利である。

肉を切り分けるときに台所で使うような出刃包丁や刺身包丁を使う猟師もいる。また肉屋が使う専門の刃物も使いやすい。腹抜きから細かく切り分けるまでには数種類の刃物を使い分けるほうが効率的ではある。もちろんただ１本のナイフですべてを片づけることもできないわけではない。ナイフの握り方や動かし方でうまくこなすことも可能だ。つまり“大は小を兼ねる”のである。

愛知の成瀬勇夫さんの各種刃物

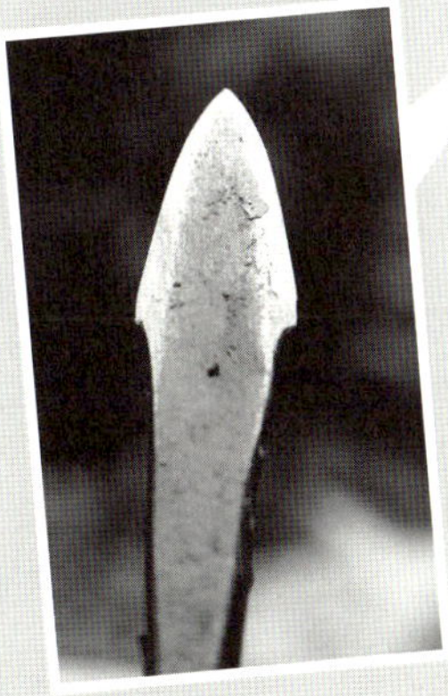

刺しやすいように自分で作った刃先

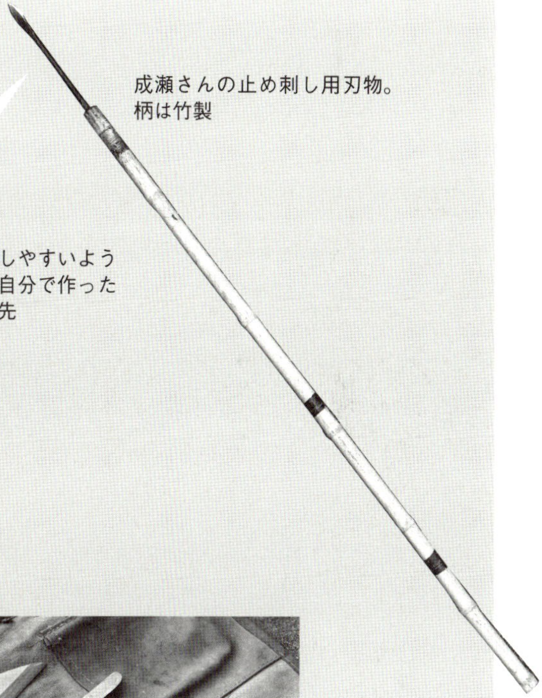

成瀬さんの止め刺し用刃物。柄は竹製

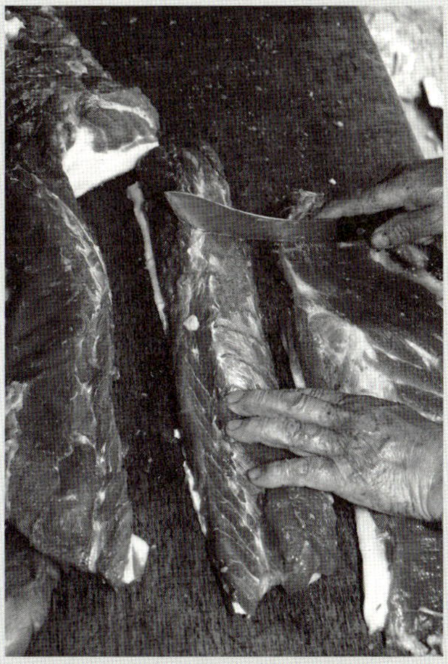

スジのない背ロースを切るときにはアールのついたこのナイフを使う

成瀬さんの刃物。使いやすいように自作もしている

長靴

スパイク長靴が威力を発揮

どんな作業をする場合でも足回りは大事である。特に足場が悪い山の中を縦横に走り回る猟場でもっとも多く使用されているのは長靴だ。なかでもスパイク長靴はマタギ御用達でもあり、耐久性にも優れ、岩場の多い急傾斜の猟場で威力を発揮する。

スパイク長靴というと磯釣り用もあるが、山専用のものを選ぶほうがやはりよいだろう。森林組合でしか手に入らないようなレアな製品も今では簡単にネットで買える。大体１万～２万円だからそれなりのお値段である。激しい上り下りや急傾斜地での狩猟でなければ、ごく普通の長靴でも問題はない。その場合は水と山ビルの侵入さえ防げばよいのである。

スパイク付き長靴のオビーブーツ

冷凍庫

肉の有効利用のための必需品

獲ったシカやイノシシの肉を保管するのはやはり大型冷凍庫が重宝だ。大きさはさまざまで、値段も２万円程度から100万円以上の急速冷凍タイプまである。マイナス60度で急速冷凍するとかなり長期間鮮度を維持できるから、肉の有効活用には非常に便利だ。同時に真空パック機も使えばまさに鬼に金棒！

石川県の安本日奈子さんの冷凍庫

軽トラ・車

猟場を駆け巡る頼もしい存在

猟場へ向かう道はほとんど未舗装と考えたほうがいい。農道から里山周辺でも舗装路はまずない。林道には落石や崩落などの危険もあり、そこを走り抜けるだけの性能を持つ車が不可欠である。

いわずと知れた日本の大発明が軽トラだ。小さい車体で350kgの積載量を誇り、抜群の走行性を持つ。日本の農山漁村には欠かせない車でもある。逆にいうと軽トラなくして日本の第一次産業は成立しないほどなのだ。

軽トラは狩猟現場でも最高に威力を発揮する。実際に出猟前に猟師が集まると、そこは軽トラで埋め尽く

猟の現場は軽トラだらけである

されるくらいだ。

軽トラは軽い車体で力がある。路面状況が悪い猟場を駆け巡るには実に頼もしい存在だ。また広い荷台には大物のシカを数頭無造作に積むことができる。荷台が血や泥で汚れても、ザバザバと豪快に水洗いできるのもラクだ。

悪路走破性が極めて高い小型四輪駆動車

スズキのジムニーもハンター乗車率が高い車である。小さくて小回りが利き悪路走破性が極めて高い。地上最低高が軽トラより高い分、劣悪な道でも走り抜けることが可能だ。また改造パーツも充実しているので、手を加えることでとんでもない場所まで入ることができる（もちろん運転者の技術次第であるが）。ただし積載スペースは狭いから、他の軽トラとタッグを組む場合が多くなる。

猟犬を積んで移動できる大型四輪駆動車

さすがにトヨタのランクルクラスの大型四駆は狩猟現場ではほとんど見かけない。しかしハイラックスなどのピックアップトラックは猟犬を積んで移動する場合が多い。力は当然強く、悪路走破性も優れている。改造パーツも豊富でいろいろといじくるにはおもしろい。積載量はさほどでもないから、やはり軽トラと組んだほうが力は発揮するだろう。

車載ウィンチ

いざというときに役立つ

必ず必要とは決していえないが、仲間内に持っている人がいると大変心強いのが、車載ウィンチである。林道で倒木を引っ張って道を確保したり、悪路にはまった仲間の車を救ったりと、いざというときに役立つ。また獲物の引き出しが困難なときにも大いに手助けになる。

フロント部分に付けるタイプやリア部分に付けるタイプがあり、牽引力は600kg程度〜数tとさまざま。価格帯も5000円程度から十数万円と幅広い。

ミニクレーン

獲物の積み下ろしに役立つ

車載ウィンチと若干似ているが、こちらは基本的に荷台への獲物の積み下ろしが基本である。大物を一人で荷台へ積むのはかなり大変な作業。お年寄りや女性には実にありがたい道具である。これも引き上げ能力等の違いで２万円程度から数十万円までと価格帯は広い。シカやイノシシだけにしか使わないのであれば、さほど高価なものは必要ないだろう。

獲物の積み下ろしに便利だ

無線

集団猟には必需品

集団猟の場合、無線は必需品である。刻々と変化する獲物の動きを察知する必要があるからだ。とはいっても勝手な行動は事故につながるから厳禁。必ずリーダーの指示に従わなければならない。使用には当然無線免許が必要である。きちんと法令は遵守して活用する。

マタギたちは猟に出るとき、仲間内だけではなく家の無線も通じるようにしてあった。単独猟の場合も同

集団猟には欠かせない無線

様で、携帯電話がなかった時代は無線が命綱になるケースも多々あったのだ。現在は携帯電話が普及してかなり山奥でも稜線に上ると通じる場合がある。しかしそれもあまり過信してはいけないだろう。

猟犬

人犬一体の共同作業

猟犬にはさまざまな種類がある。鳥猟で水鳥の回収専門犬もいればヤマドリの回収をもっぱらとする犬もいる。獣猟の場合は基本的にニオイを取ったら（獲物がいると嗅ぎつけたら）、あとは鳴き続けて獲物を追うのが仕事になる。その鳴き声をハンターは聞きながら獲物との位置関係を知るわけだ。

ハウンド系と呼ばれる洋犬は広い猟場でも疲れを知らないかのごとく疾走する。豊富な運動量が魅力だが、とんでもないところまで韋駄天走りで行ってしまう場合もあり、猟より犬の回収に手間取ることも珍しくない。

日本犬はどちらかというと短距離型で、狭い範囲での探索や追跡に向いている。紀州犬等は決して大きくはないが、勇猛果敢でイノシシとの戦いを好むかのようである。単独猟には非常に心強い相棒となるだろう。

本来犬は群れで狩猟生活を送ってきたわけで、シカやイノシシを追い詰めることなどは朝飯前だ。数匹の犬がいればそれだけで獲物を咬み止めてしまう。もちろん犬のみに仕留めさせるのは狩猟法違反であり、最後は必ず人が始末をつける必要があるのだ。犬と人が力を合わせることで大切な食料を得てきた。それは太古からの人犬一体の共同作業である。狩猟という行為を通じてお互いの信頼関係を感じられるのがうれしい。

石川県の安本日奈子さんと紀州犬のシロ。
獲物に対しては勇猛果敢に襲いかかる

長野県の集団猟で活躍するプロットハウンドという猟犬。首にＧＰＳがつけられている。日本犬と違って人から離れてしまう洋犬には必須だ

第4章

売る

おカネに換える技

食べるだけでなく肉を売る

有害駆除が通年で行なわれる地域が増え、実質毎日が猟期になった感がある。切実な農林業への獣害を考えれば致し方ない。しかし駆除されたシカやイノシシをただ単に捨て去るのはあまりにもったいないのである。命ある動物はきちんと食べて供養してやりたい。

厄介者であると同時にシカやイノシシは肉として地域の大切な食材でもあり、ジビエとして販売するのが有効である。従来は地産地消されてきたが、今ではさすがに年がら年中捕獲するほどの量は地元では必要とされてはいない。つまり需要がないのである。そこで各地では需要喚起のためにさまざまな取り組みが行なわれてきた。しかし残念ながらまだ効率的に消費されているとはいいがたいのが現状である。

各地で増える獣肉処理施設

近年、各地で獣肉処理のための施設が新設されている。それは2007年からのわずか８年間で３倍強という驚きの増え方なのだ。

もともと獣肉は地域でどのように販売されてきたのだろうか。もっとも多いのは猟師が地元の旅館や民宿等に直接売るケースである。ほとんどの場合は食肉加工、食肉販売のどちらの資格も持たずに慣習として売っている。これではまるで闇市場ともいえる。当然違法行為である。あとは家業が肉屋で、もともと販売が可能な人である。

最近ではインターネットで獣肉を売っている例をときどき見るが、小さな字で“犬用”と書いてあることからも食肉販売の免許は持っていないのだろう。人が犬用肉を勝手に食べるのは自己責任であり、売り手に問題はないというつもりだろうが、そのような屁理屈は通るわけがない。獣肉は妙な手口は使わずに正々堂々と法の下で販売する必要があるのだ。

肉を売るための資格

一般的に食品の販売は、さまざまな法律の枠組みの中で行なわれる。なかでも食肉に関してはひときわ厳しい。それは肉食が本来かなりの危険をともなう行為であることを物語る。

肉食に関する記憶に残る事件として、北陸地方の焼肉居酒屋で起きた集団食中毒がある。この事件では死者５名、重軽傷者181名という多くの被害者を生んだのである。野菜の加工品と違い、いったん事故が起きると悲惨な結果を招くことから、肉に関しては非常に厳しく法律が定められているのだ。

しかし昔からの習慣で、猟師仲間の料理はかなりアバウトな面もある。内臓を引っ張り出した手で同じ包丁を使い、同じ作業台の上でロースを刺身用に切り分ける。それで問題ないからと安易な考えで知り合いの飲食業者に肉を渡す人もいるが、これはとんでもない行為といえるだろう。このような甘い考えで獣肉の利用は決して許されるものではない。

獣肉の流通は「食品衛生法」に基づいて規制される。その法律にのっとり「食肉処理業」と「食肉販売業」の資格を得て初めて獣肉の流通が可能になるのだ。肉処理の前段階である屠畜行為に関しては、別に「屠畜法」がある。しかし屠畜法における“獣畜”とは牛、馬、豚、綿羊、山羊を指し、シカやイノシシ等の野生獣はその枠の中に含まれない。よって法律の範囲は食品衛生法のみとなる。

獣肉の処理と販売のための許認可は各地の福祉保健局にあるので、くわしくは現地担当者に相談するといい。

肉を加工するための資格

肉は加工することで付加価値をより高められる。ジャーキーやソーセージ、ハム、ベーコン、ハンバーグ等は流通や販売で有利であるが、これらを作るにはまた一段高いハードルが待ち受けている。より外気に触れる範囲や機会が増える加工食品は、雑菌が付着する可能性が高いからだ。そこでこれらの食肉製品を製造販売するには「食肉製品製造業」の資格が必要となる。これには特定資格者が必要であったり、設備に関しても厳しく審査されたりするから生半可な気持ちでは取得が難しい。資格取得に関しては各地の責任監督官庁にしっかりと問い合わせていただきたい。

カレーで売れるのか？

食肉加工と販売の資格を取ったらその次はどうすればよいのか。頭を悩ませる駆除獣の利用法として誰もが思いつくのがカレーだ。先駆けとして、北海道でトド肉カレーやヒグマカレーが古くから商品化されている。ただし、このカレー商品は北海道という観光地で一見さん相手のものである感は否めない。私も以前珍しいお土産として買ったことはあるが、それ一度きりである。どれがトド肉かヒグマ肉かも定かではなく、ましてやごく普通のレトルトカレー並みの味レベルで特徴がない。そこに１食分500円以上を払うのはあくまでも北海道土産という看板があるからにほかならない。

もともとカレーを嫌う人はあまりいないだろう。おまけに何を入れてもカレーにしかならないから「個性的な肉にはもってこいだ」と誰もが感じる。そこで「獣肉の消費にはもっともカレーが適している」と商品化に走るが、それは果たして正しいのだろうか。

１食分500円のシカ、イノシシカレーを食べても先述したように肉の味はよくわからない…それがカレーの特徴なのだ。味はスーパーの特売で売っているレトルトカレーと変わらない。さあ、消費者はどちらを購入するか？　考えるまでもない話なのだ。獣肉の個性を消すことはその必要性も否定する諸刃の剣になりはしないだろうか。しかしまったく違う考えでシカ肉カレー、イノシシ肉カレーを売り出した地域もある。これについてはあとで触れることにしよう。

自分たちがおいしいと思うものを売る

獣肉は地域性が非常に高い食材だ。とはいってもその地域の人がすべからくおいしいと食べているわけではない。

「イノシシはくさいんでしょ」

「シカはまずいんだよね」

狩猟が盛んな地区でもこのようにいう住民が多いのだ。そしてその方たちはまともに獣肉を食べたことがない。つまり食べた経験も乏しいのに獣肉がおいしくないという不確定な情報を再生産しているのだ。これはいかに地域で獣肉が非常に限られた範囲で食べられてきたかの証明でもある。それなのに他地域の不特定多数の消費者に食べてもらおうというのだから、ハードルはやはり高いといえるだろう。これを乗り越えるためにはまず地元の人が率先して獣肉を食べることが肝心だ。自分たちがおいしく食べたものなら、よそでも買ってもらえる。学校給食でも、直売所の軽食コーナーでも、街の居酒屋でも、どこでも食べられるようになるといいのではないだろうか。

実際に処理施設を作り、獣肉販売のために動き出した各地の取り組みを見ることにしよう。

ブロック肉か、スライス肉か

高知県安芸市・長野博光さん

獲って食べるだけでは腹の虫がおさまらない

高知県安芸市、太平洋を一望する山間部の斜面にはおいしいミカンがたわわに実る。山北ミカンの産地として名高いこの地も獣害に悩まされている。

「シカはミカンの葉っぱを食うんじゃき。ミカンの実を1個成らせるのに葉っぱが25枚は必要なんです。それをシカが食ったら実が成らん」

そう話す長野博光さんの畑では、シカ以外にもイノシシやハクビシンが大事なミカンを食い荒らしている。やられているばかりではおもしろくない。そこで長野さんは反撃に出た。狩猟免許を取って憎い獣を捕獲する。そして食べることにしたのだ。

「人が丹精込めて作ったミカンを食べる獣をとっ捕まえて逆に食べてやろう思うたんですよ」

箱ワナとくくりワナを園地に仕掛けて反撃に転じたのである。しかし捕獲して食べるだけでは腹の虫がおさまらない。そこで思いついたのが肉を売ることである。狩猟にはそれなりの費用がかかる。獣害を防ぐのとそれらの費用を少しでもまかなう一石二鳥のアイデアが獣肉の販売なのだ。

自宅敷地内に加工施設

長野さんは自宅敷地内に加工施設を作り、保健所の許可を取って獣肉の販売を開始した。基本的に自分の耕作地に仕掛けたワナで捕獲するから年間の処理頭数は少ない。最初の頃はかなり広範囲にワナを仕掛けていた。しかし現在ではミカン園の仕事が忙しいので設置数を減らしている。

「昔は攻めの捕獲やったんですが、今は本当に園地や田圃を守る程度しかワナは仕掛けていませんねえ」

現在の年間捕獲頭数はシカで10頭、イノシシで10頭である。それでも十分にミカンや米の食害を防ぐことができている。

ブロックでなくスライス肉で売る

年間にシカ、イノシシ合わせて20頭程度でも、自家消費と近くの直売所で売るには十分な肉の量がある。長野さんが卸している近所の直売所の販売コーナーをのぞくと、ごく普通の肉売り場のように肉がスライスしてパック詰めしてある。巨大なブロックで持て余すのではなく普段使いのサイズ。これこそまさに家庭用だ。

獣肉の加工に必要な機器類の入手法は、インターネット。価格と性能を比較して、よりよいものをより安く購入して利用している。

長野博光さん

長野さんは近所の直売所にしか獣肉を卸していないが、それでいったいいくらくらい売り上げるのだろうか。

「そうですねえ、多いときで年間150万円くらい。それはたくさん獲っていた時期で、今は70万円くらいですかねえ」

売れるのはイノシシのほうが多いそうだが、最近は徐々にシカ肉の人気が高まってきているという。

自分の田畑を守るために一人で捕獲することで獣害は確実に減り、おいしい肉を家族で食べ、さらには収入にまでつながる。これは一石二鳥どころではない、まさに一石三鳥の獣利用だ。

以前この辺りではあまりシカの姿は見かけなかった。それが徐々に増え始め、近頃では田んぼの青い稲穂を食い荒らすこともある。そのときはすぐにワナを仕掛けて捕獲したおかげでそれ以上の被害を食い止めたのである。

「わしゃみんなに言いよるんですよ。出てきたシカやイノシシは獲れいうて。獲ったらそれだけ被害が確実に減るんじゃきぃ」

獣害を防ぐためにたった一人で立ち上がった長野さんの取り組みは決して大がかりな施設や投資を必要としない。一人だからこそできる身の丈に合ったやり方なのである。

イノシシとシカのスライス肉。イノシシ皮付き337ｇ1690円、シカ焼肉用153ｇ610円、シカステーキ用169ｇ670円

長野さんが肉を卸している直売所のチラシ。出汁用の骨も売る

イノシシに倒された棚田のイネ

冷凍ストッカーに肉を保管している

シカ肉はタオルでうまくなる

大分県佐伯市・ＲＹＵＯ

福岡方面からも奥様たちがやってくる

自分で獲ったシカやイノシシの肉を比較的簡単に経済に変える方法が猟師レストランである。ここで紹介する大分県のＲＹＵＯの場合、自分で捕獲した獣類の肉を調理してお客さんに提供するには、飲食店の営業許可さえあればいい。猟場に近い山間部で猟師が営むレストランを訪ねてみた。

大分市の中心部から約50km、もう少しで宮崎県に入る山間部に猟師レストランＲＹＵＯはある。国道から少し入り込んだ立地は少なくとも客商売には向いているとは思えないが…。

「休みの日には福岡のほうからもお客さんが来てくれますね。大半は奥様方です」

話をしてくれたオーナーの矢野哲郎さんはこの土地で生まれ育った代々の猟師でもある。店は決して飲食業に有利な立地ではないが、少なからぬリピーターがついているらしい。

レストランがある集落は周辺の田畑がほぼ獣除けのフェンスで覆われている。いかにここが多くの獣にねらわれているかがよくわかる。実際に矢野さんの猟場は、レストランのある実家の敷地内から非常に近い。感覚としては猟場の中にレストランがあるといっても過言ではないだろう。このような一見不便に感じられる環境にありながらもお客さんが足繁く訪れるのはなぜか。

シカ肉はタオルで熟成

何といっても料理がおいしいのはいうまでもない。まずければリピーターは当然つかないからだ。お手軽に食べられるシカ肉のハヤシライスが700円、予約制の鹿ロースステーキのコースが3000～5000円。そのほかにもピザやパスタ、そしてケーキ類のセットも豊富だ。獣肉類では猪丼が1000円と、どれもお得感満載である。ＲＹＵＯで出されるシカやイノシシはほとんど自分の山で捕獲している。蜂蜜も自家採取で、料理以外に販売もしている自給態勢なのだ。

獣肉のおいしさは何といってもその新鮮さにある。新鮮さ、肉質にもっとも影響を与えるのは解体とその後の処理の仕方だ。矢野さんがすぐそばの山で獲ったシカやイノシシは、止め刺し後すぐに解体されて店の冷蔵庫へと運ばれる。このとき、シカはていねいに綿タオルで包んで熟成される。

矢野哲郎さんと奥さんのかおるさん

「解体してすぐにビニールに入れて保存する人がいますが、これはやめたほうがいいですね。血抜きをしてもまた必ず血が出てきますから」

特に血の気が多いシカ肉は管理が難しい。そこで矢野さんが考えついたのが、タオルで肉を包み、冷蔵庫で保存する方法だ。

「シカ肉から出る余分な血液をタオルで吸い取るんですよ。こうして２～３日冷蔵庫に置いておくと、熟成が進んで最高の状態になります」

肉専門の布でなくともタオルで余分な血を吸い取り、熟成させることができるのだ。

山の景色もごちそう

おいしい料理をおいしく食べるにはやはり店の佇まいが大事である。都心の三つ星レストランのような豪華な装飾品や食器類はなくとも、それ以上の掛け替えのない宝がここにはある。それがＲＹＵＯを取り囲む環境だ。目の前を流れる沢には蛍が舞い、澄み渡る風が頬を伝う。この景色に触れるためにわざわざ遠くからやってくるお客さんも珍しくない。よい環境とおいしい料理があれば人は山の中まで訪ねてくるのである。

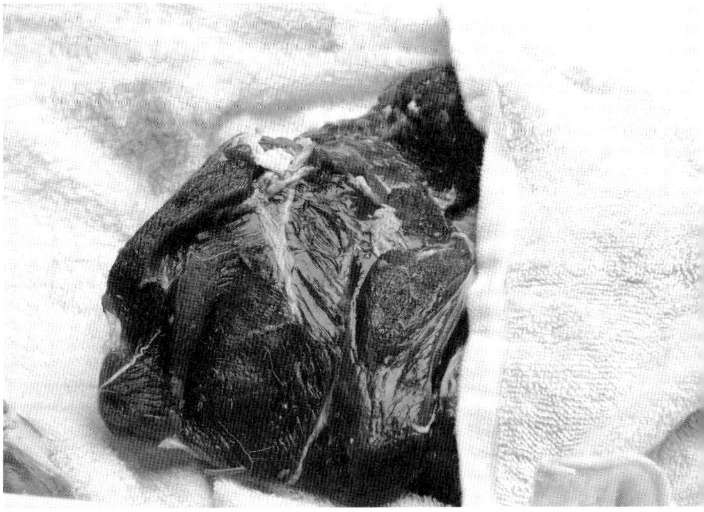

昨日捕獲して解体し、タオルに包んで冷蔵庫に入れておいたシカのモモ肉（２歳雄）

ロース肉ももちろんタオルで包む。上が２歳雄、下が１歳雌の肉

森のレストランＲＹＵＯ。集落のとぎれた静かな山あいにある

イノシシは2日間吊るす

石川県小松市・狐里庵《こりあん》

天井から吊るされた親子のイノシシ

狐里庵を経営する安本日奈子さんと承一さん

長年のお得意さんとリピーター

もう一軒、和食の猟師レストランを紹介しよう。

小松市の中心地から40分ほど山へ向かって走ると大杉地区という集落に入る。静かな山懐に抱かれた地で猟師夫婦が営む店が狐里庵だ。

安本承一さんと日奈子さんは毎日まちからこの店へと通っている。猟期には日の出とともにまず下の溜め池を回り、鴨を撃つ。それから店へ向かいながら途中でヤマドリを撃ち、仕掛けた箱ワナの点検をするのだ。こうしてわずかな時間で鴨、ヤマドリ、そしてイノシシまで手に入れることも珍しくない。基本的には夫婦二人で猟から店の切り盛りまでこなしている。狐里庵も飲食店としては決してよい立地とは思えないが、長年のお得意さんや季節ごとに訪れるリピーターがついているのはＲＹＵＯと同様である。

血抜きをしたあとに２日間吊るす

狐里庵は和食の店である。座敷には囲炉裏が切ってあり、そこで炭火を使った料理を楽しめる。ヤマドリのモモ肉をそのまま焼鳥にするような野趣溢れる料理が特徴だ。なかでも上質の肉に仕上がったイノシシを使ったボタン鍋が最高のごちそうである。囲炉裏の上でコトコトと温まったボタン鍋は実にうまいのだ。

このうまさを支えるのが徹底的な血抜きである。止め刺し時の放血以外にも、さらに解体小屋で２日間ほどイノシシを吊るすのが狐里庵流だ。

「こうするとな、毛細血管の血ぃまで出るさけえ、おいしゅうなるんや」

承一さんがいうように、吊るされたイノシシからはぽたりぽたりと血が滴り落ちるのである。ここまでする人はめったにいない。

カウンター越しに見える山里の景色

狐里庵の売りは、料理とやはりその環境だ。カウンター越しに眺める山里の景色は四季折々に素晴らしい顔を見せる。柔らかな新緑の春、青空と深い緑の夏、燃えるような紅葉、そして白銀の世界。一年を通して山は常に変化を遂げるのである。さらに店主が山で採ってくる山菜やキノコを使った料理も大変な人気で、春先には関東地方から訪れる人もいるくらいなのだ。

狐里庵もＲＹＵＯと同じように猟場の中にあるお店といってもいいだろう。すぐそばで手に入れた新鮮でおいしい素材を最大限に活かす料理が人を呼ぶのである。このように消費地から遠いという地理的な条件を逆手に取ることもできるのだ。究極の地産地消は恵まれた自然環境があってこそのお宝なのである。

山里の景色が見えるカウンター席がお客さんに人気だ。人気のボタン鍋は3500円から、イノシシのスペアリブは1500円から

施設は自分たちで作ればいい

高知県大豊町・猪鹿工房おおとよ

猟師7人の手作り施設

高知市から北へ40㎞ほど入ったところに大豊町がある。四国の険しい山中はまた獣の多いところだ。その急峻な地にある“猪鹿工房おおとよ”(以下、おおとよ) は少しユニークな加工処理施設だ。

そのもっとも特徴的な点は施設の建設を近隣の猟師仲間7人だけで作ったことだろう。“七楽会”という名称を付けた集団には土木仕事や建築に手慣れた猟師たちが集う。さらに猟友会のメンバーの協力もあって、なんと施設の建築資材の調達や基礎工事、大工仕事まですべて仲間内で完成させた。まさに猟師の猟師による猟師のための施設なのである。

なるべくお金をかけない

施設は前処理室から解体室そして加工室と流れていく本格タイプだ。とにかくなるべくお金をかけないというのがポリシー。加工には欠かせない真空パック機やミンサー、スライサー等の機器類はすべてネットオークションで購入と徹底している。

「まあ、なかにはジャンク品みたいなんがあって、その修理にすごい手間がかかりましたねえ。あれやったら新品買うたほうがラクですわ」

そういいながら笑うのはこの施設の代表者である北窪博章さんだ。

ハンバーグやソーセージに加工して売る

この施設の最大の特徴は食肉製品製造業の資格を取っていることだ。それを活かして自分たちで獲ったシカやイノシシをハンバーグや燻製、ソーセージやミートボール等に加工販売している。

「この資格を取るのは本当に難しくて面倒なんですよ。でも燻製やハムはおいしいから絶対にやりたかったんです。もう保健所に3年間は通い詰めやったんですから。それだけ獣肉は魅力的ですよ、特にシカは奥が深いからねえ」

ここの売りは肉の鮮度。ワナで捕まえた獲物は生きたままで搬入して工房で止め刺しと血抜きをする。そうでない場合でも捕獲後2時間以内で半身にして冷蔵庫に保管する態勢を整えているのだ。こう

自分たちで建てた猪鹿工房おおとよの加工処理施設。
奥は北窪博章さんの自宅

シカの頭をあしらった看板

北窪さんの
シカ肉加工処理

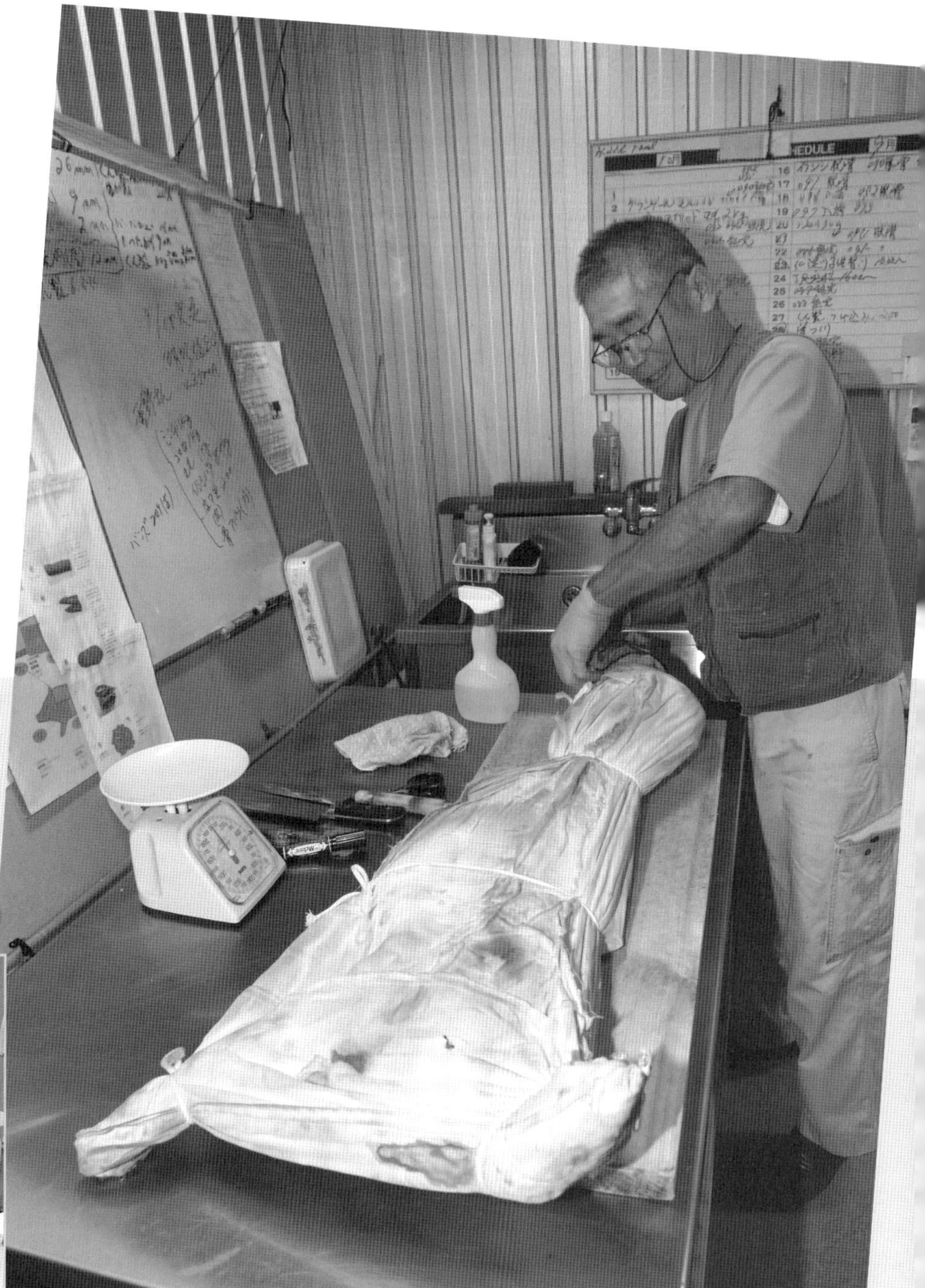

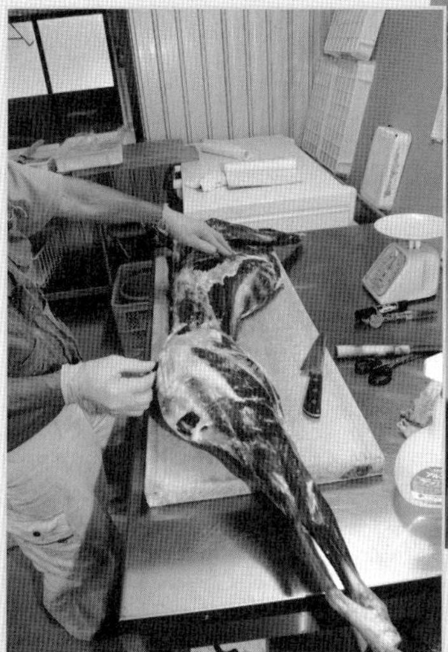

シートに包んで冷蔵庫で吊るしていたシカの半身。
半身のまま熟成させるのは珍しい。解体しない分、鮮度が保てる

して低温で保管すること3～5日、よい具合に熟成させた肉を販売するのが特徴である。

メインターゲットはプロの料理人

「試食でね、シカの竜田揚げを食べさせるんですが、みんなおいしい言いますね。でも買うんは10人中1人ですわ」

食べてみておいしいからといって自ら料理をするとは限らない。そこでおおとよでは基本的にプロの料理人をメインターゲットにして販売活動をしている。その甲斐があって徐々に肉の販売には固定客がつき、地元での知名度は高まっている。

北窪さんは新商品の開発に都会のジビエレストランに偵察に出向くなど忙しく、最近はなかなか加工品販売に傾注することができない。しかし工房近くの喫茶店ではシカ肉のハンバーガーが人気メニューとなり定着、県内南国市や須崎市の店舗でも獣肉が人気商品となっている。こうして地元の獣肉の評価が徐々に上がっているのだ。

スライス肉、挽肉が評判

おおとよは親切な売り方をしている。お客さんの注文やその用途に応じてスライスも4㎜と7㎜に分けているのだ。

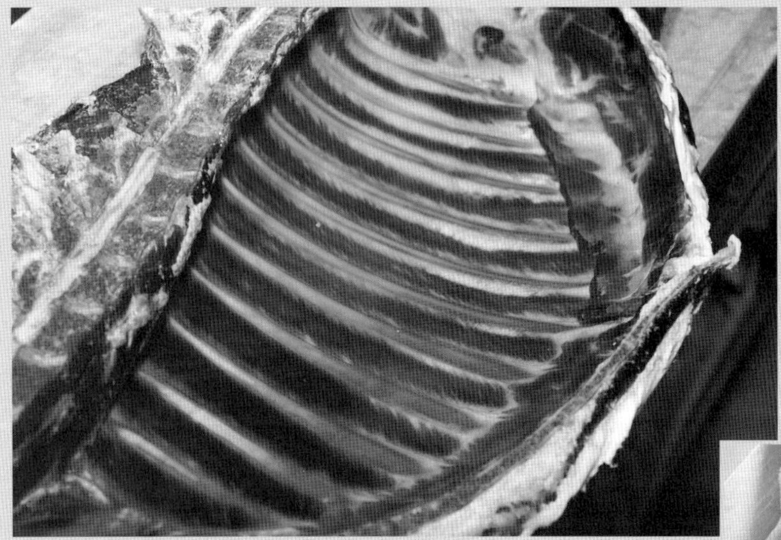

半身で熟成させていたシカ肉のバラ部分。シートに包んで吊るしていたから、血の気がまったくない

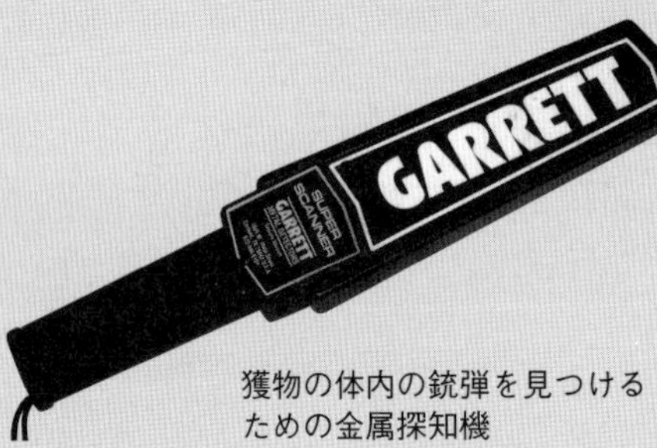

獲物の体内の銃弾を見つけるための金属探知機

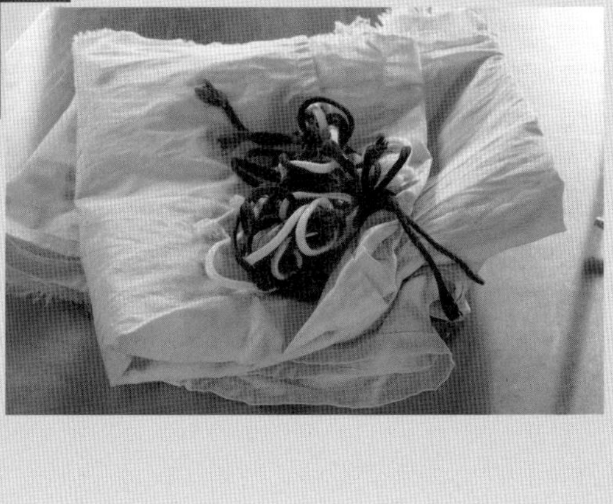

熟成用に使う肉用のシート

「汁物は４㎜ですね。焼肉用には７㎜、ブロック肉じゃあ使いにくいでしょ、やっぱり。この前も10kgスライスでいうて頼まれましたね」

注文に応じて挽肉のオーダーにも応じる。臨機応変な対応を常に心がけているのだ。消費者の立場に立った販売が評判となり、お客さんが増えた。そんなお客さんとの情報交換が今では始末に困る骨なども犬用に捌ける道筋を生み出した。ほしい人にほしいものをつなぐことで残渣が減り、同時にムダもなくなるのである。

「骨も内臓も処理には困らんようになってきて、今考えとるんは皮の利用ですね」

最近スタッフが毛の処理方法を調べてきたそうで、近々実際になめしの加工にもチャレンジする予定である。

施設の材料もそこの山から、そして獣もそこの山から、それを宝に変えるのもそこの猟師たち。多くの人たちが自由につながることで獣資源の可能性を広げる。地元の潜在能力をフルに発揮する獣資源活用方法である。

北窪博章さん

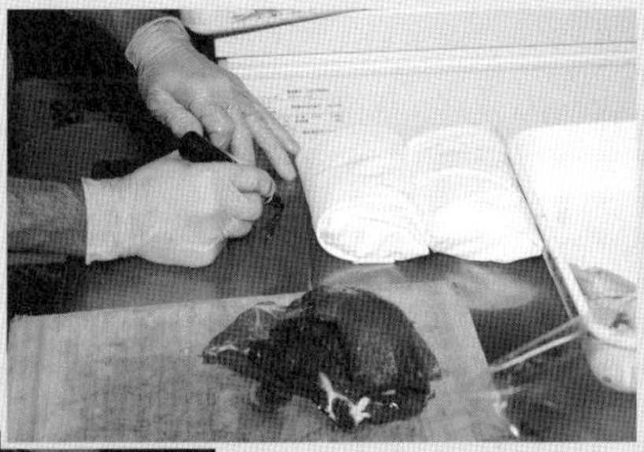
ロース肉をシートで包む

真空パックされた肉

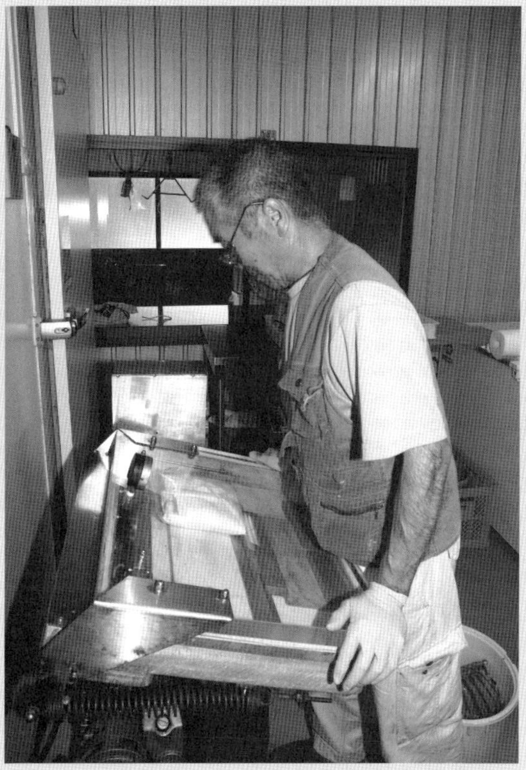
真空パック機。ヤフーオークションで購入した

仕留めてから2時間以内に冷凍する

山梨県早川町・早川町ジビエ処理加工施設

2人の従業員が町外から移住してきた

南アルプスの玄関口である山梨県の早川町では、早川ジビエとしてのブランド作りに力を入れている。町にはもともと食肉加工施設が以前からあったが開店休業状態。そこに目を付けて、町いちばんの猟師と組んでプロジェクトをスタートさせたのだ。

既存の施設利用といっても、元が獣肉用ではなかったので改装する必要はあった。それ以外にも法的な手続きやさまざまな乗り越えるべき課題は山積みだったのである。それを6年越しで成し遂げたのが早川町きっての凄腕猟師、望月秀樹さんだ。

「年々イノシシの脂が少なくなってきて質が落ちたと思うんですよ。そこで駆除したシカを利用できないものかと考えたんです」

食肉の加工施設の稼働と同時に取り組んだのが後継者の育成だ。獣肉利用の組織を株式会社にして社長業に就いた望月さんは、求人広告を打って人材の確保に努めた。その結果、2人の従業員が町外から移住してきた。町は家族も含めた計3人の人口増につながったのである。

驚異的な処理スピード

早川ジビエの特徴は徹底的に良質の肉を提供することである。そのためにシカを仕留めてから真空パック詰めして冷凍するまでの時間が2時間もかからない驚異的スピードなのだ。実際に現場で時間を計ったが、撃ったのが午前7時24分、7時49分には施設に持ち込み、解体、冷凍まですべてが終了したのは、なんと9時だった。

血液と雑菌の検査もする

時間だけではなく解体処理の仕方がまた完璧である。まずは高圧洗浄機を使い徹底的に汚れを洗い落とす。吊るしてからもくまなく洗浄、そして皮を剥ぐ。ここで内臓を抜く。そして内側と外を徹底的に洗浄する。工程を変えるたびに手袋も替えるくらいに徹底している。途中、個体の血液サンプルを採り、表面の雑菌検査用のサンプルも採る。これを必ず保健所で調べてもらう。こうした検査の結果、一

既存の施設を利用した早川町の獣肉処理加工施設

般的な食肉解体処理施設よりもここのシカ肉のほうが雑菌が少ないということが判明している。それほどまでに徹底的に洗浄しているのだ。

解体部屋から加工部屋に移すと、それぞれの部位に切り分けて手早く真空パック詰めにする。それをすぐに強力な瞬間冷凍機に入れる。マイナス60度という低温で冷凍されるとかなり長期間、質を落とさずに保存が可能である。

ここで疑問に思ったのは肉の熟成である。シカ肉は低温で数日置くことで熟成し、うま味が増す。それをまったくしないのはなぜなのだろうか。

「熟成はね、それぞれの店でやるのがベストだと思うんですよ。いくらこちらが熟成させても流通や店での扱いが悪ければ何の意味もありませんからねえ。それくらいならいちばん鮮度のよい状態で出して、その店で熟成するほうがおいしいんじゃないで

望月さんの解体処理

仕留めたシカが運び込まれた。仕留めたのは午前7時24分で、運び込まれたのは7時49分

高圧洗浄機でていねいに汚れを洗い落とす。このあと解体の間に何度も洗う

解体するために専用フックでシカを吊るす

室温10度の中での作業

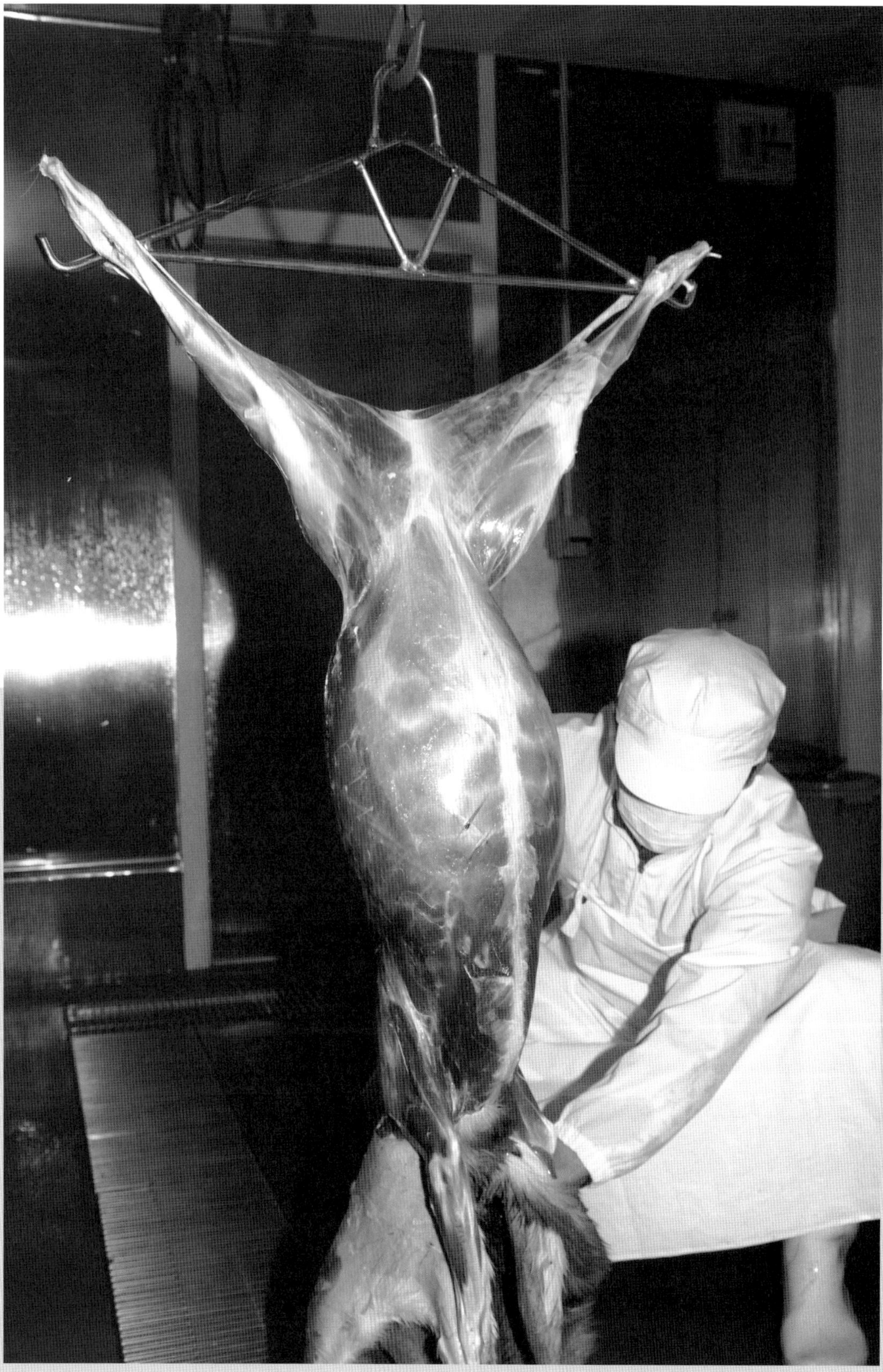

ふつうの猟師は真っ先に腹を裂いて内臓を抜くが、望月さんは先に皮を剥ぐ。雑菌が付くリスクを低めるためだが、一般の食肉処理場並みの慎重さだ

→

しょうか？」

生産者としてはもっともフレッシュな状態で提供する、これは確かに一理ある考え方だ。

なお、望月さんはシカを撃つときには頭と首しかねらわない。肉質をよく保つための望月さんのポリシーである。

最高の肉を都内のジビエレストランへ

このように可能な限りのことをして最高の肉に仕立てた商品は主に都内のジビエレストラン等に販売されている。実際の売り込みには望月さん自らが出向き、ときには料理人と一緒にジビエを食べるイベントもこなす。獲物の捕獲から解体処理、そして販売に会社の経営まで、まさに八面六臂の大活躍。早く後継者が育って効率よく商品が捌ける状態になるのが目下の目標だろう。

手間暇かけて質を高めることで商品価値が上がり、高い値段で取引される。それこそがブランド価値だ。早川ジビエはそのブランド戦略を進めるお手本になるだろう。ただ残念なのは販売が町外中心なので、町内で地場産ジビエを食べられないことである。また処理施設はもともと食肉製品製造業の資格（ハム、ソーセージ等の製造）を持っていたが、現在はそこまで利用できる段階には至っていない。

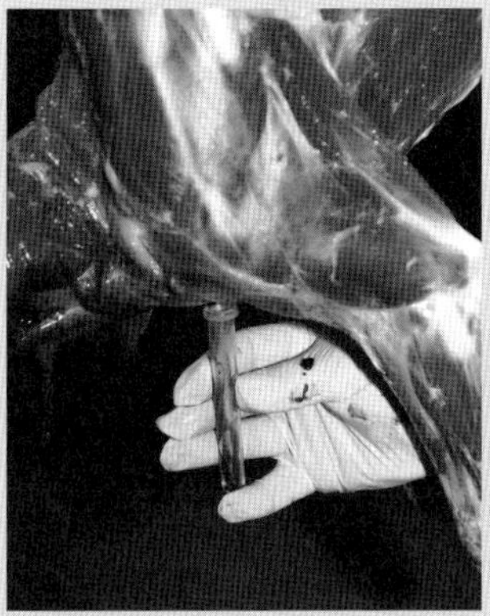

途中、血液のサンプルも採る

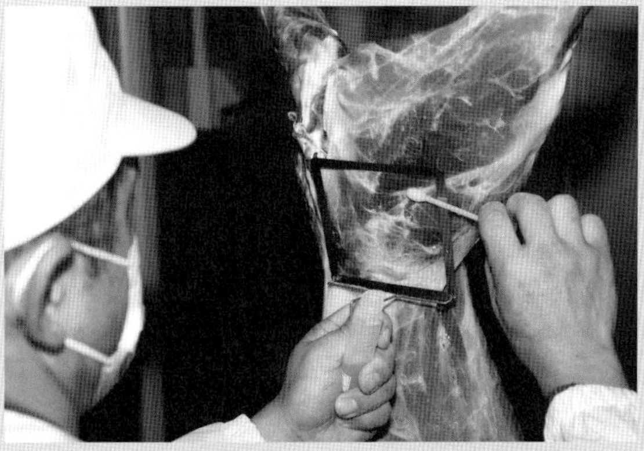

スケールと綿棒を使って表面の雑菌検査用サンプルも採る。保健所に送って調べてもらう

部位に切り分け、真空パックに詰めたものを瞬間冷凍機に入れる。このとき9時。仕留めてから2時間以内に解体、冷凍まで一人で終わらせた

猟師の腕次第で買い取り価格を変える

福岡県みやこ町・農産物直売所「よってこ四季犀館」

肉販売で年間840万円

福岡県の北東部に位置するみやこ町は、北部は北九州市と南部は大分県と境を接する。ご多分に漏れずここも年々増える獣害に悩まされていた。そこで町は駆除に対する補助金の助成、ワナや電気牧柵などにかける費用の助成と少なからぬ税金を投入した。それでも被害は減らず、いっそうの駆除に力を入れようと考えていたとき、地元猟師から思わぬ提案を受ける。

「ただ単に駆除するだけじゃなくて、捕獲した獣を利用したらどうだろうか」

この提案を受けて町が考えたのは、獣肉による本格的な地域振興である。捕獲したシカやイノシシを食肉として処理するだけではなく、地場産品として町そのものも含めて売り出そうと考えたのだ。そこで中心的な役割、司令塔を任されたのが産業課の地域特産品係である。ここをトップに、町ぐるみでさまざまなアクションを起こしてきた。

町は平成20年に有害鳥獣加工施設の計画に入り、２年後の平成22年に完成させている。総事業費3500万円で延べ床面積70㎡の近代的な処理施設を建設した。商品化された獣肉は隣接する直売所「よってこ四季犀館」で販売される。直売所は第三セクターであり、加工施設の運営も任されている。

平成25年度はイノシシ122頭、シカ35頭を処理し、肉の販売で840万円を売り上げた。

町をあげて獣肉をアピール

よってこ四季犀館の店内に並んだ「鹿ミンチカレー」と「猪カレー」

よってこ四季犀館

厳しい搬入条件

みやこ町の有害鳥獣加工施設は何でも受け入れるわけではない。質の低い肉は受け付けないし、受け入れ可能な肉でもランク付けして買い取り価格にも差をつけるのである。

実際の受け入れの手順をみてみよう。猟師はシカやイノシシが獲れたら現場から施設に連絡する。そして獣体を搬入する。ここに厳密なルールが設けられている。その搬入条件を列記すると、

・止め刺し、血抜き後1時間以内に搬入。
・止め刺し後は水や氷により屠体を冷やして搬入。
・行橋市、京都郡地区在住の狩猟登録者のみ。
・有害期間は有害捕獲許可者のみ。
・狩猟登録証持参。
・搬入時はシート等で覆う。
・搬入時間は午前8時30分から午後3時まで。
・搬入30分前までには要連絡。
・自家消費分は受け付けない。
・損傷が激しいものは受け付けない場合もある。

このような条件をもとに、その場で受け入れの可否が決まる。受け入れ可能なら処理、不可能なら持ち帰りまたは廃棄処分となるのである。

直売所の入り口に置かれているイノシシ肉、シカ肉コーナー

イノシシ肉はスライスして売られているので使いやすい。通年で1kg当たり2300～3400円

ブロック肉で売られているシカ肉。通年で1kg当たり3000～4000円

みやこ町有害鳥獣加工施設の獣肉処理の流れ

みやこ町有害鳥獣加工施設の搬入口

山野から持ち込まれた獣体は搬入口で大まかな汚れを高温高圧が可能なこの洗浄機を使い、きれいに洗い流す。獣体をスライダーフックに吊るして洗浄室に入れ、内臓を抜いて内部を洗浄する

洗浄室から運ばれた獣体の皮を剥ぎ、足先を落とす

獣体の四肢を外し、各部位ごとに切り分ける。そこから商品用にスライスしたり、ミンサーにかけて挽肉にしたりしたものをパック詰めする

真空パック機

イノシシ・シカの買い取り価格

イノシシ

区分	買い取り月	キロ当たり買い取り単価
オス・メス	4月～10月	210円～560円
メス	11月～3月	350円～700円
オス	11月～1月	350円～560円
オス	2月～3月	210円～350円

ただし、成体で30kg以上80kg以下に限る

シカ

区分	買い取り月	キロ当たり買い取り単価
オス・メス	4月～10月	200円
オス・メス	11月～3月	100円

ただし、成体で40kg以上100kg以下に限る

撃ち方がヘタなら肉はそれだけ傷む

本来、狩猟はローカルアクションである。その地域地域で考え方がかなり違い、猟師一人一人の技量にも大きな差があるのだ。射撃がヘタで、散弾をやたらぶち込めば、肉はそれだけ傷む。また血抜きが不完全なら、肉質も当然落ちる。それでも個人で食べる分には何の問題もないが、みやこ町の施設では受け入れを拒まれる。そこで突き返されたり、安い価格でしか引き取ってもらえずに立腹して二度と来なかった猟師もいれば、どうやれば高く買い取ってもらえるのかと研鑽を積んだ猟師もいた。こうして施設に出入りする猟師の能力が向上していったのである。

大手コンビニと組んで獣肉を売る

肉の販売だけではなく、地元飲食店での消費や県をあげてのさまざまなイベントにもトップ自らが積極的に参加しているのがみやこ町の特徴だ。なかでも、大手コンビニチェーンと組んで「猪味噌煮おにぎり」や「ぼたん鍋」を期間地域限定商品として売り出し、知名度を上げているのである。

積極的に食べてもらうためのカレー

先に安易な獣肉のカレーについて疑問を呈したが、みやこ町でも実は獣肉カレーを商品化し販売している。これについて担当者に伺うと、「まず一度は気軽に食べてもらおうと考えたんです。そのためにはやっぱりカレーがいいだろうと。これは獣肉食のハードルを下げるためですね」。

なるほど、「とりあえずカレーにでもしておけば文句は出ないだろう」といった消極的発想ではなく、積極的に食べてもらうための布石として打ったカレー戦略である。カレーがゴールではなく、ここからもっと獣肉を食べてもらおうというスマートな選択である。この発想ができるかできないかの差はかなり大きい。

シカの頭の骨が２万円で売られていた

直売所を核に、入り口から出口まで

町の直売所“よってこ四季犀館”ではシカ肉とイノシシ肉が常時売られ、その質の高さは近隣の猟師たちも認めるほどである。これら獣肉は“みやこ肉”というネーミングで町のブランドとなっているのだ。

駆除されるシカやイノシシを何とかムダなく使うことはできないのか？　そのような猟師たちの発想に行政が応えて動き出したのがみやこ町の活動である。ここの活動はよくある一過性の地域振興ではないだろう。

狩猟行為という入り口から始まり、消費という出口までをさまざまな立場の町民が頭をひねり考える。これが実はもっとも大切なのだ。行政主導で闇雲に突っ走ると市場のニーズを無視した方向へと行く可能性もある。そこに主婦感覚や商売人の感覚を持ち込み、可能性を探っている。このバランス感覚が商売を持続させる上でもっとも大事なのではないだろうか。

おわりに ―― 可能性は無限大

売り方に正解はない

獣肉を売るためには法律にかなった施設が必要である。諸費用はその規模や諸条件でまったく異なる。

もっとも小規模なタイプでは、高知県安芸市の長野博光さんのような家内制手工業的加工所や、もともと家が肉屋だったためにそこを利用する個人自営業などがある。大分の矢野哲郎さんや石川の安本日奈子さんのように、自分の店を構えて料理として出す場合は、ある程度の投資が必要だ。福岡県みやこ町はすべてを完全に新築したので、最新鋭で規模も大きく、当然投資額も小さくはない。山梨県早川町の場合は既存の施設に手を加えた、いわば再利用タイプで、比較的費用は少なくすんでいる。高知県大豊町は県の補助金を若干受けたのみで、あとは仲間の協力ですべてを成し遂げた。

このように獣肉の加工販売という目的を達するための手段は各地域の条件で大きく変わるのである。現段階では絶対的な方策はない。

地産地消がうまくいく

もっとも重要なことは地域の潜在能力をきちんと把握することだ。まずは猟師に、食肉に適した獣をよい状態でコンスタントに提供できるだけの能力があるのか。これを確保できなくては何も話が進まない。

処理施設はまず既存施設の利用を考えたほうがいい。予算規模が小さな自治体でいきなり豪華な施設を建てるのはリスクが高い。せっかく作っても運用がうまくいかずに地域のお荷物になるようでは困るのだ。そして食肉加工販売に関係する資格を持った人材が地域にいれば活用するべきである。

かつて、ふるさと創生事業や一村一品運動でどれほどの食品加工所や自称ブランド品、そして珍しくもない特産品が生み出されたか。そのうちのどれくらいが現在生き残っているのだろうか。身近にあった過去の失敗例からは学ぶことがきっと多いはずである。

大都市圏が近ければ、高級レストランをメインターゲットにした販売戦略も可能である。しかし地の利のないところでは、地産地消に活路を見い出すほうがうまくいく可能性は高い。特にほとんど個人で売る場合は、それがメインになるだろう。またネットの運用に長けた人がいれば、そこから全国展開する方法もあるが、これも独自のノウハウが必要である。実際には多くの獣肉がネットで売られており、すでに過当競争が始まっている。そこに新規参入して勝ち抜くのは容易なことではないだろう。ネットで売れば世界がマーケットでバラ色の未来！　というのはかなり難しい話である。商売は他者との競争であり、そこで勝ち抜く力と意欲がなければ失敗するのは必定なのだ。

みんなに食べてもらわないと始まらない

肉は食材であるから食べてもらわないと始まらない。それが高級レストランなのか、地区の食堂なのか、道の駅なのか、高速道路のサービスエリアなのか、さまざまな選択が可能である。地元民のつながりや地勢をよく勘案して好条件の場所を探し、売り方を模索したほうがいいだろう。

肉の販売方法にしても、ブロックで売るのか、家庭料理用にスライスしたり挽いたりしたほうがよいのか、選択肢は多い。消費者のニーズに応える努力は大事であり、生産者の都合を押し付けてはいけない。

狩猟という分野はもともと狭く、独善的に陥りやすい。危険できつい狩猟行為で手に入れた肉だから高価で当たり前、自分たちの食べ方が最高だからと質を顧みない体質。これらが“くさい、固い、まずい、高い”といった感覚を助長してきたのである。

こういった消費者の獣肉に対する既成概念を打ち壊し、「せめて月に１度は食べたい」と思わせるだけの工夫をしたい。

ごく普通の店でお手軽な価格で

食べてもらうためには多ジャンルの料理人たちがシカやイノシシの肉に触れる機会を増やしたい。本来、獣肉が大量生産大量消費には向かない原材料なのだから、少量多品種で消費拡大をねらうのだ。獣肉料理メインの店ではなく、ごく普通の飲食店でお手軽な価格で食べられるほうが戦略的には正しいだろう。

たとえば、挽肉にしてハンバーグやウィンナーなどに加工冷凍すれば流通させやすい。お年寄りから子どもまで万人向けの食材だ。そのような普段使いの獣肉食が定着すれば、きっと高級路線も活気づくはずだ。普段は比較的安価な肉を食べているから、ハレの日くらいは国産黒毛和牛をぜいたくに食べたい心理と同じだろう。

獣肉は一般的な食肉の流通や販売とまったく違う。自然のものだから、材料の安定供給や質の一定化はもともと難しい。これらの問題を平均的にこなすだけで実はかなり厄介である。そこを乗り越えてもやるのだという強い意志を、関わる人全員が持つことである。莫大な資金を投じて“結局獣肉はダメだよね”という事態に陥ることだけは避けたい。

まずは地元から、普段使いの食べ方で、それぞれの地域に合ったやり方をめざせば、これからの獣利用は可能性無限大である。

著者略歴

田中　康弘（たなか やすひろ）

1959年長崎県佐世保市生まれ。西表島から礼文島までの日本各地をフィールドに食文化を中心にした取材活動を行なう。特に狩猟採集関係はライフワーク。主な著作に「マタギ　矛盾なき労働と食文化」「女猟師　わたしが猟師になったワケ」「マタギとは山の恵みをいただく者なり」「日本人は、どんな肉を喰ってきたのか？」（いずれも枻出版社）「山怪　山人が語る不思議な話」（山と溪谷社）等がある。

猟師が教える　シカ・イノシシ利用大全
絶品料理からハンドクラフトまで

2015年9月15日　第1刷発行
2017年4月5日　第4刷発行

著者　田中　康弘

発行所　一般社団法人　農山漁村文化協会
〒107-8668　東京都港区赤坂7丁目6-1
電話　03（3585）1141（営業）　03（3585）1147（編集）
FAX　03（3585）3668　振替　00120-3-144478
URL　http://www.ruralnet.or.jp/

ISBN978-4-540-14197-3　DTP制作／㈱農文協プロダクション
〈検印廃止〉　印刷・製本／㈱シナノ

定価はカバーに表示
乱丁・落丁本はお取り替えいたします。

260622